高职高专土建类专业“十二五”规划教材

GAOZHI GAOZHUAN TUJIANLEI ZHUANYE SHIERWU GUIHUA JIAOCAI

结构力学及应用习题集

JIEGOULIXUEJIYINGYONGXITIJI

◎ 主编　朱耀淮
◎ 参编　刘　恒　曹晓斌

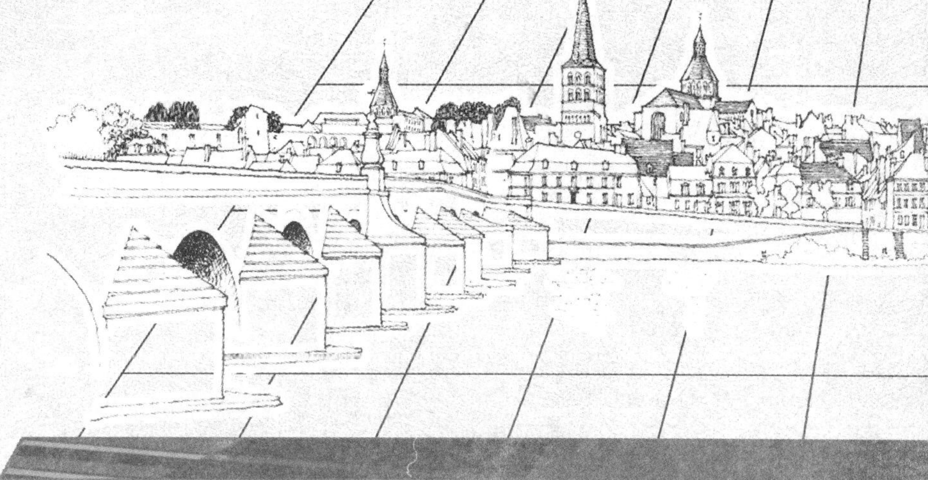

中南大学出版社
www.csupress.com.cn

高职高专土建类专业“十二五”规划教材编审委员会

出版说明 INSTRUCTIONS

在新时期我国建筑业转型升级的大背景下，按照“对接产业、工学结合、提升质量，促进职业教育链深度融入产业链，有效服务区域经济发展”的职业教育发展思路，为全面推进高等职业院校建筑工程类专业教育教学改革，促进高端技术技能型人才的培养，我们通过充分调研和论证，在总结吸收国内优秀高职高专教材建设经验的基础上，组织编写和出版了本套基于专业技能培养的高职高专土建类专业“十二五”规划教材。

近几年，我们率先在国内进行了省级高等职业院校学生专业技能抽查工作，试图采用技能抽查的方式规范专业教学，通过技能抽查标准构建学校教育与企业实际需求相衔接的平台，引导高职教育各相关专业的教学改革。随着此项工作的不断推进，作为课程内容载体的教材也必然要顺应教学改革的需要。本套教材以综合素质为基础，以能力为本位，强调基本技术与核心技能的培养，尽量做到理论与实践的零距离；充分体现了《关于职业院校学生专业技能抽查考试标准开发项目申报工作的通知》(湘教通〔2010〕238号)精神，工学结合，讲究科学性、创新性、应用性，力争将技能抽查“标准”和“题库”的相关内容有机地融入教材中来。本套教材以建筑业企业的职业岗位要求为依据，参照建筑施工企业用人标准，明确职业岗位对核心能力和一般专业能力的要求，重点培养学生的技术运用能力和岗位工作能力。

本套教材的突出特点表现在：一、把建筑工程类专业技能抽查的相关内容融入教材之中；二、把建筑业企业基层专业技术管理人员(八大员)岗位资格考试相关内容融入教材之中；三、将国家职业技能鉴定标准的目标要求融入教材之中。总之，我们期望通过这些行之有效的办法，达到教、学、做合一，使同学们在取得毕业证书的同时也能比较顺利地考取相应的职业资格证书和技能鉴定证书。

高职高专土建类专业“十二五”规划教材

编审委员会

前　言

结构力学课程对于本科生来说，是一门较难以学透和掌握的课程，其难就难在本课程内容紧密联系工程结构实际，分析过程长，计算步骤多且麻烦，所以，巧妙地选取和设计出简单的练习题，使学生能通过较少的计算达到熟悉结构计算理论、掌握计算方法成了本习题集追求的目标。因此本书的方法应用部分能紧密联系工程结构实际给出练习，使得学生能解决现场常见的一般力学计算问题。

本习题集针对学生学习的难点，用直观明了的方法给出了相应习题，通过多种题型训练来加强基本概念的理解和掌握；对难点内容力求设计出最简单的练习题，同时，对一部分习题进行了计算方法提示，便于学生学习应用。

本练习册由湖南高速铁路职业技术学院朱耀淮主编，刘恒、曹晓斌参加了编写。

限于编者水平，书中缺点和错误在所难免，恳请读者批评指正。

编者

2015 年 6 月

目　　录

1. 结构是指____。

2. 杆系结构力学研究的主要内容是__________。
   a. 结构的计算简图和合理组成
   b. 结构在外因作用下的内力和变形
   c. 结构截面设计

3. 图示为钢桁架的结点，其正确的计算简图应是______。

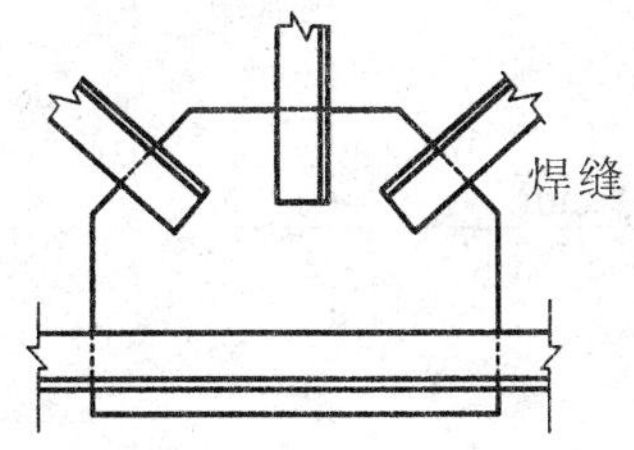

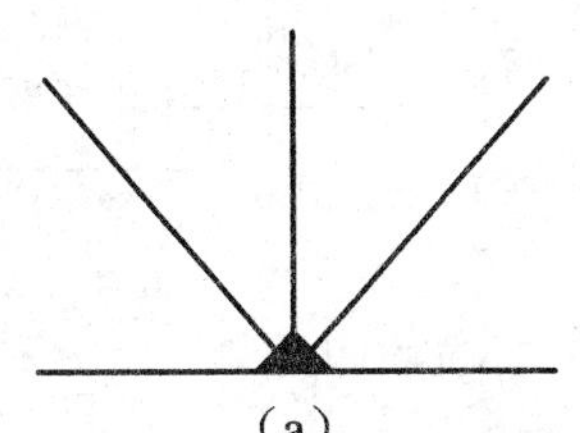
(a)

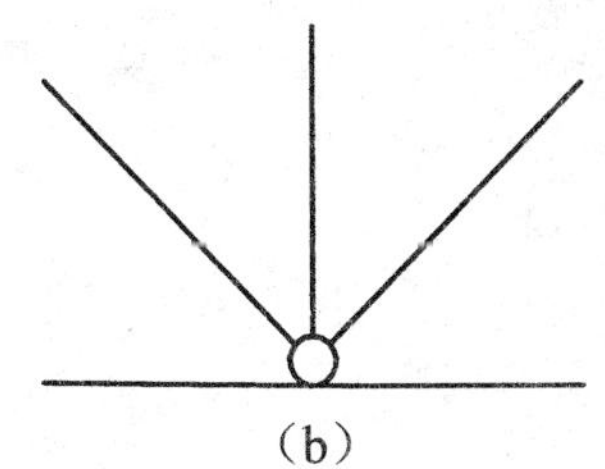
(b)

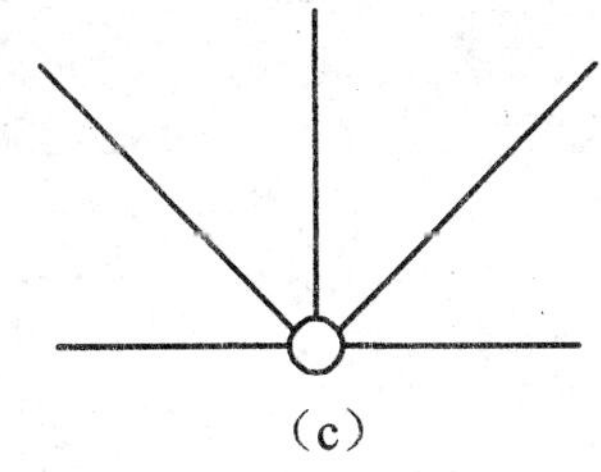
(c)

4. 图示为铰支座构造简图，其力学计算简图错误的是______。

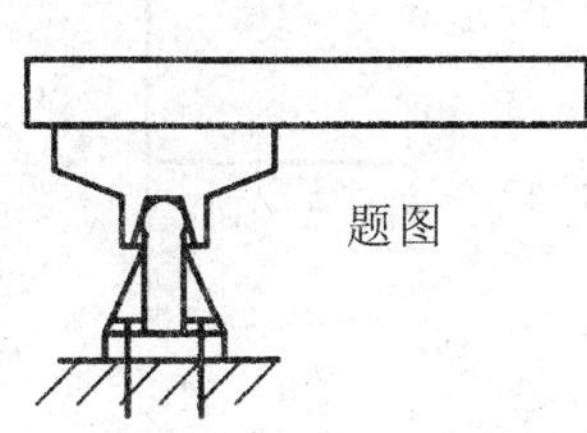

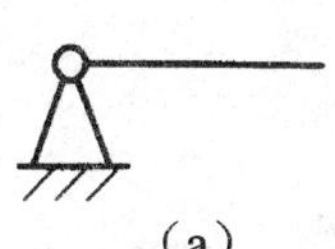
(a)

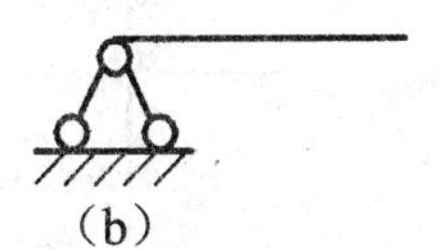
(b)

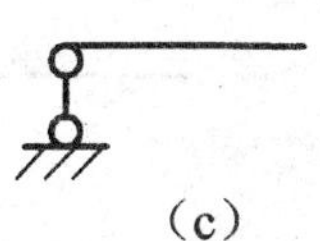
(c)

5. 图示为某混凝土柱的支座构造简图，其计算简图正确的是_____。

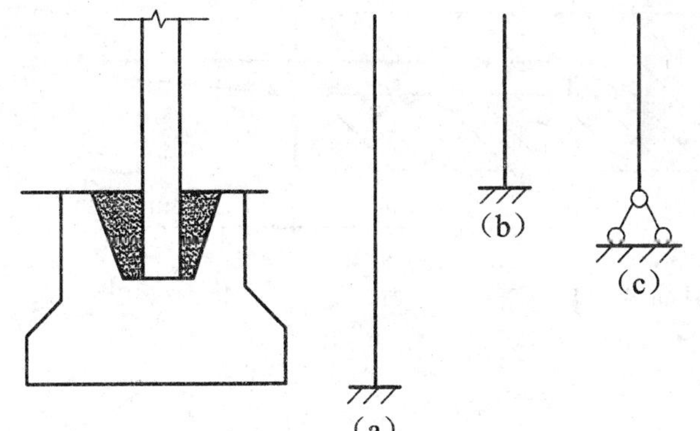

6．图示为某建筑结构的结点，其正确的计算简图是________。

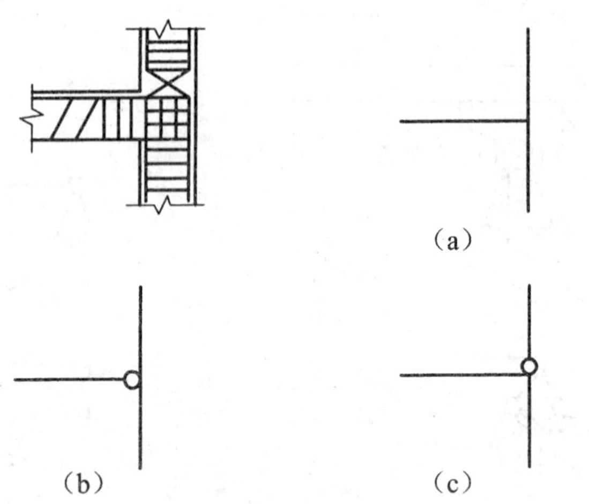

7．图示的钢筋混凝土挑梁，试画出其计算简图。
（答案：悬臂梁，长1.2 m）

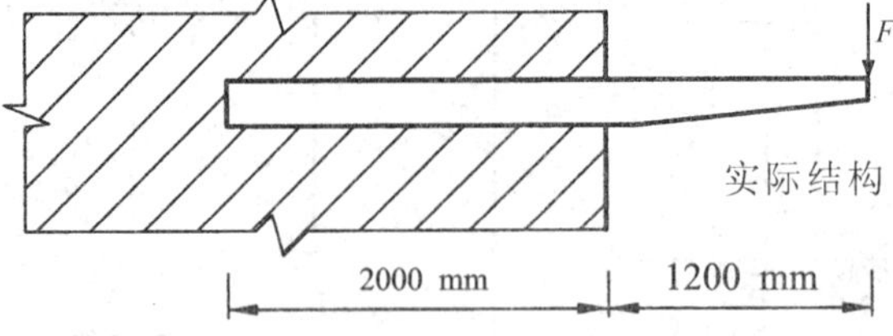

计算简图

8．某大楼中搁置在砖墙上的走廊板如图所示，试画出其计算简图。

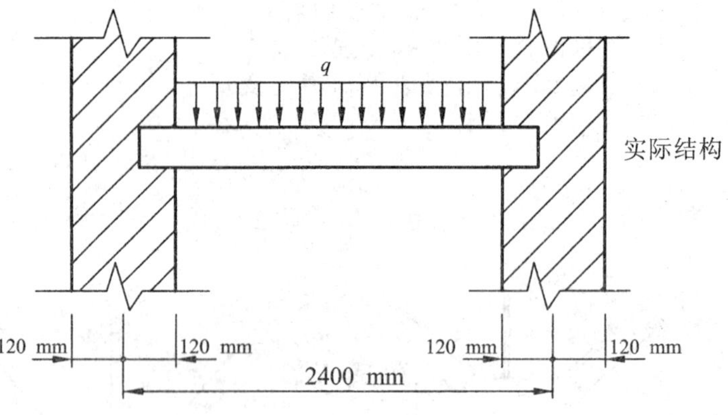

计算简图

1-1．几何组成分析的目的是＿＿＿＿＿。

a．判断体系是否可变

b．判断体系的超静定次数

c．掌握结构的构造特征

1-2．下列体系中不能看作刚片的是＿＿＿＿＿。

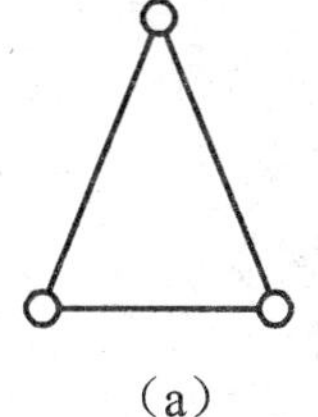

（a）

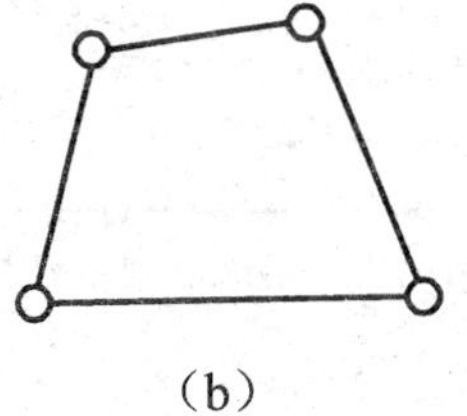

（b）

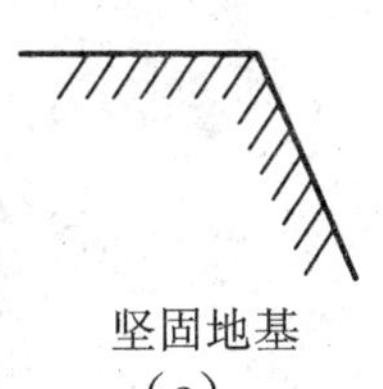

（c）

1-3．图示体系中，

A结点换算成单铰后的单铰个数h=＿＿＿＿，相当于＿＿＿＿个约束。

B结点换算成单铰后的单铰个数h=＿＿＿＿＿和1个支座链杆，相当于＿＿＿＿个约束。

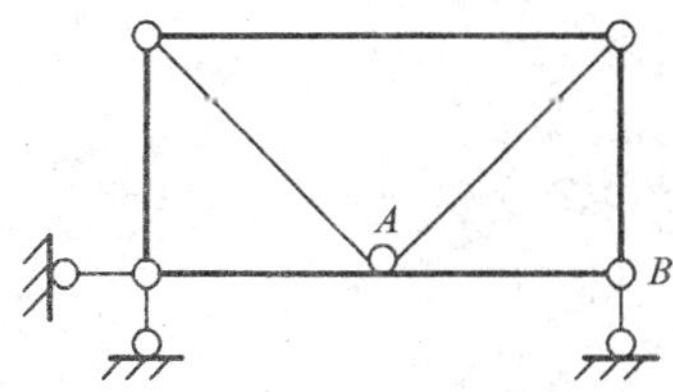

1-4．下列体系中，其中B-A-C能看作二杆外点的是＿＿＿＿＿。

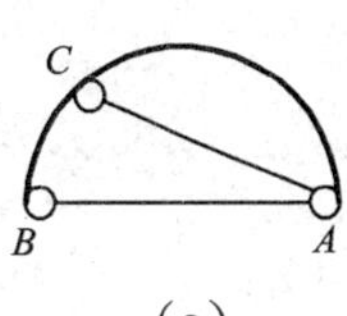

（a）

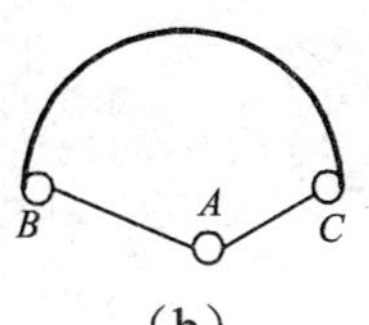

（b）

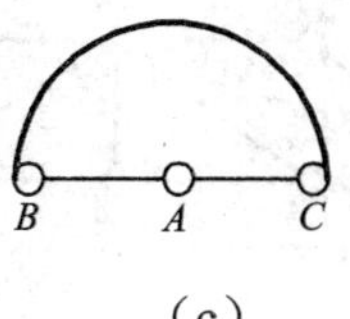

（c）

1-5．下列体系中，能够从A点开始采用拆除二杆外点方法分析的是＿＿＿＿＿。

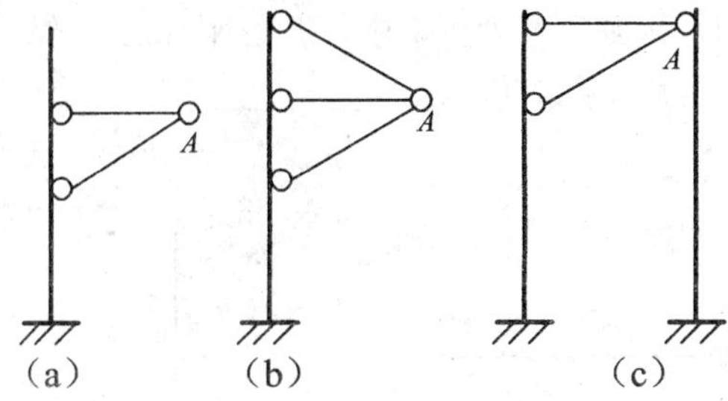

（a）　（b）　（c）

由上可知：

采用拆除二杆外点方法分析时，未分析部分看作＿＿＿＿＿。（选填：已经存在或还不存在）

1-6．对图示体系进行几何组成分析。

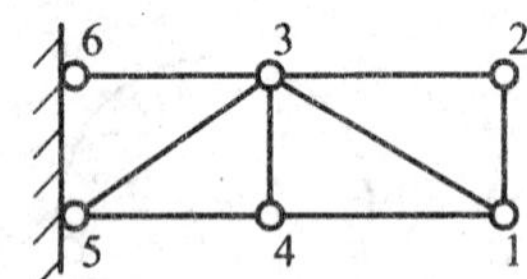

1-7．按两刚片规则在下列体系中标明各刚片的名称。其中符合两片规则的体系是＿＿＿＿＿＿。

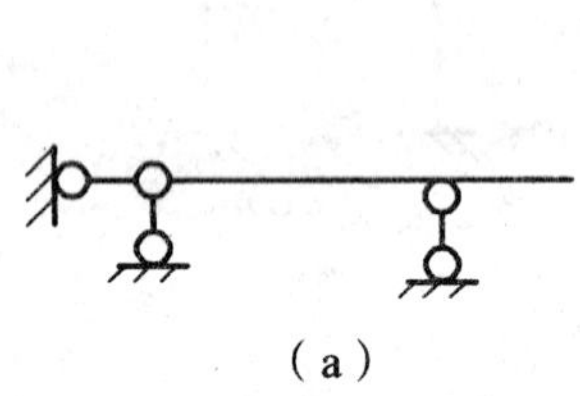
（a）

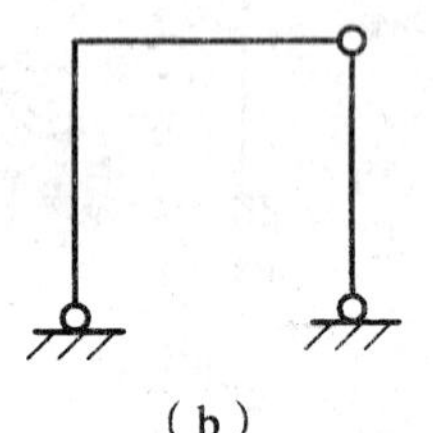
（b）

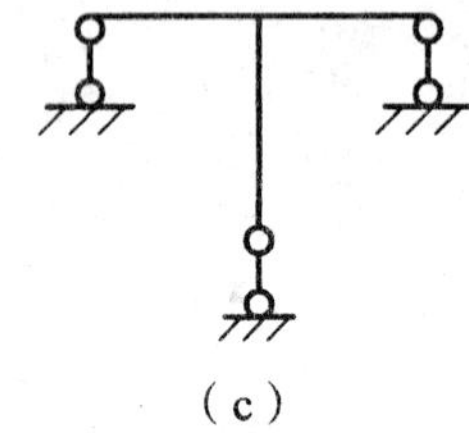
（c）

1-8．按两刚片规则标出体系中的刚片名称。其中不符合二刚片规则的是＿＿＿＿＿。

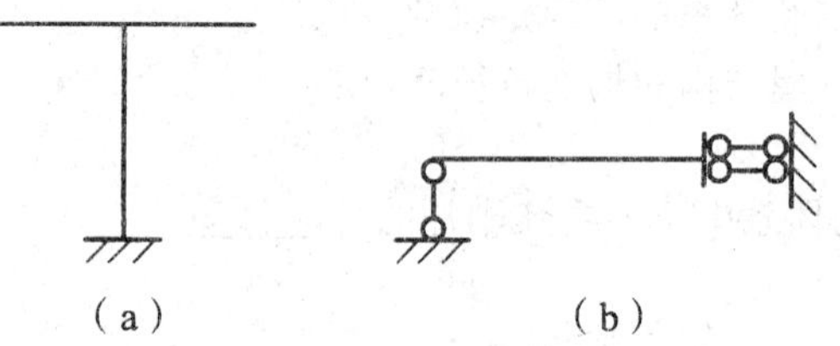
（a）　（b）

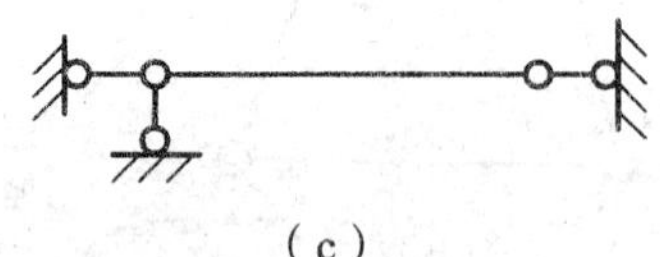
（c）

1-9．对图示体系进行几何组成分析。

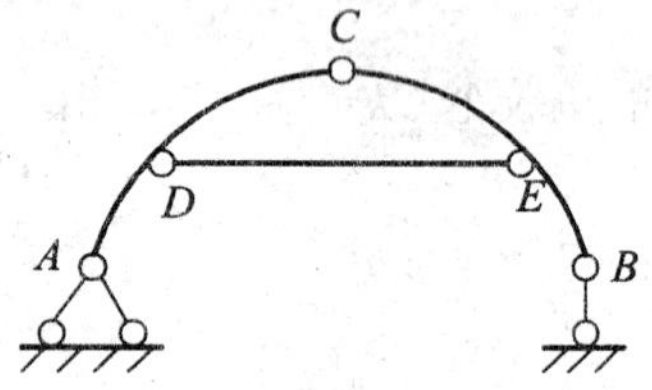

1-10. 按三刚片规则标出下列体系中的刚片名称，有虚铰的标出虚铰位置。其中不符合三刚片规则的是________。

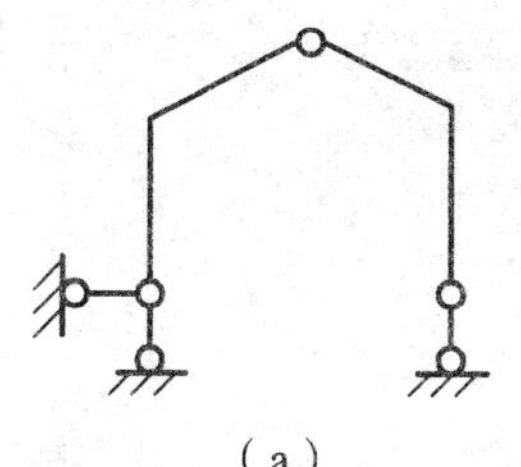

(a)

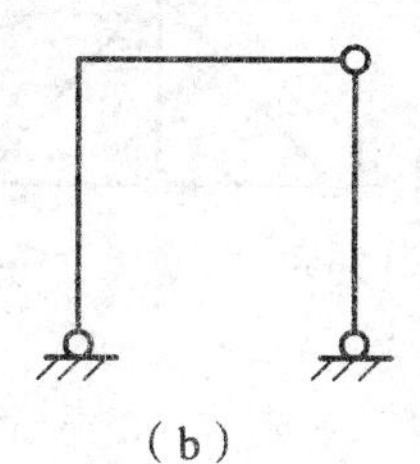

(b)

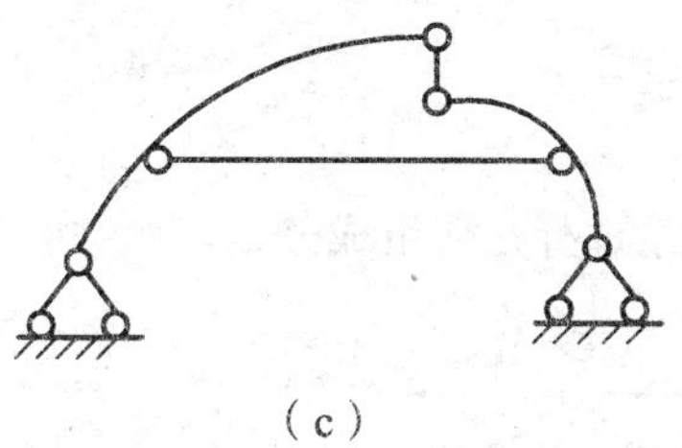

(c)

1-11. 按三刚片规则标出下列体系中的刚片名称。有虚铰的标出虚铰位置和名称（如O_{12}）。其中不符合三刚片规则的是________。

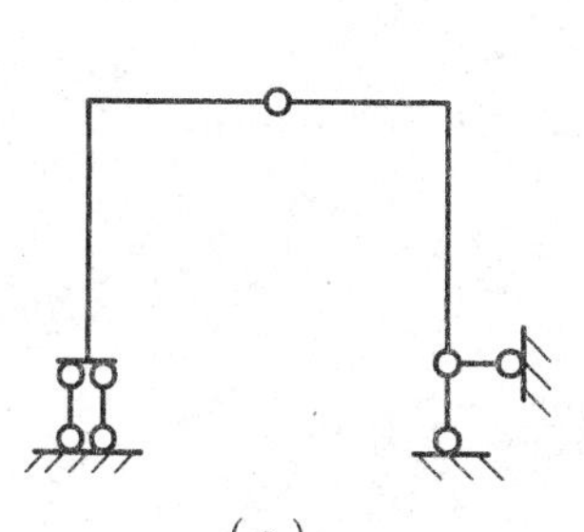

(a)

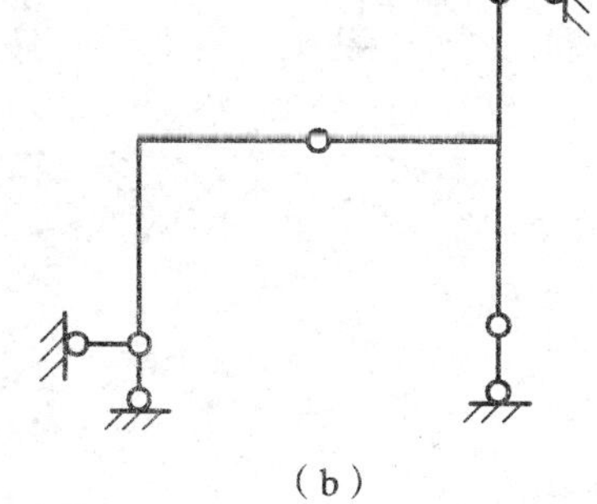

(b)

1-12. 对下列图示体系进行几何组成分析。

(1)

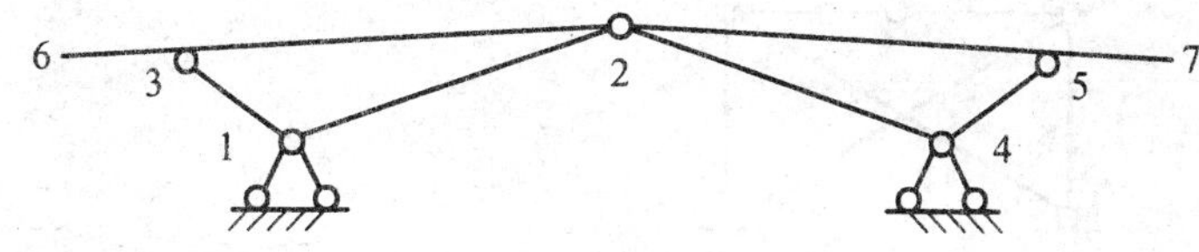

(2)

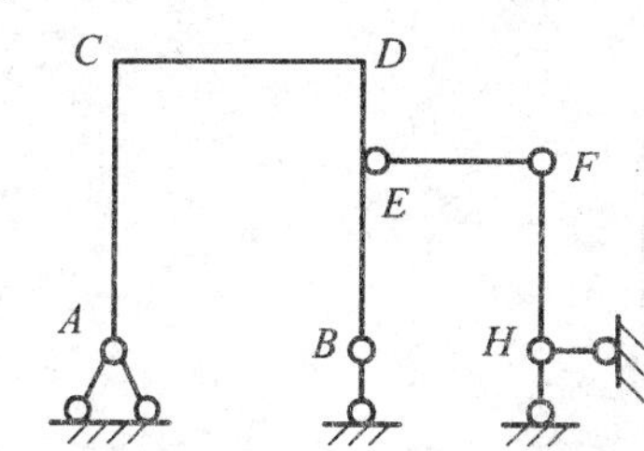

1-13．对图示体系进行几何组成分析。

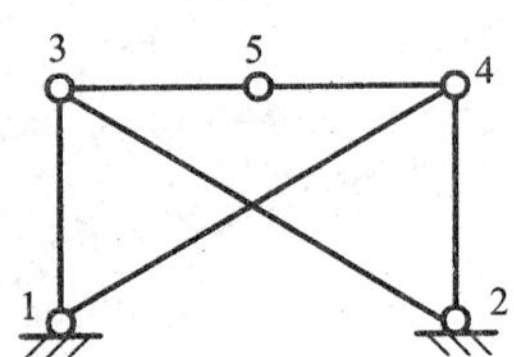

1-15．对图示体系进行几何组成分析。

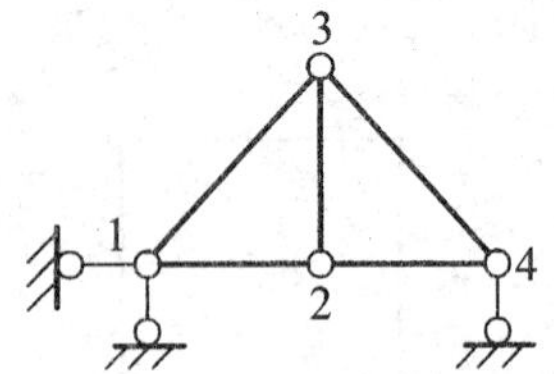

1-14．对图示体系进行几何组成分析。

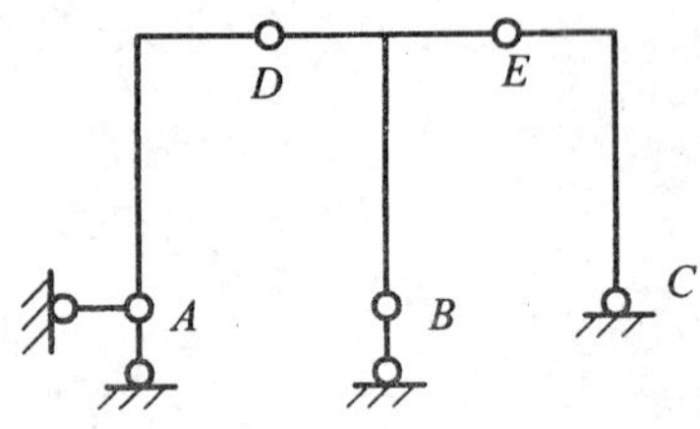

1-16．对图示体系进行几何组成分析。

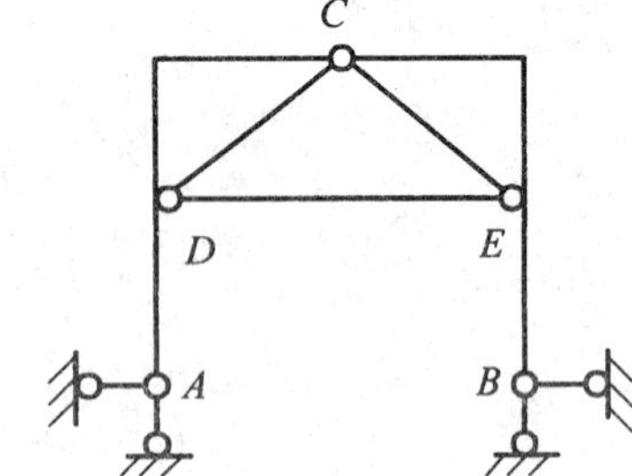

1-17. 在下列两刚片组成的体系中，标出各刚片之间存在的虚铰位置及名称（如O_{12}）。

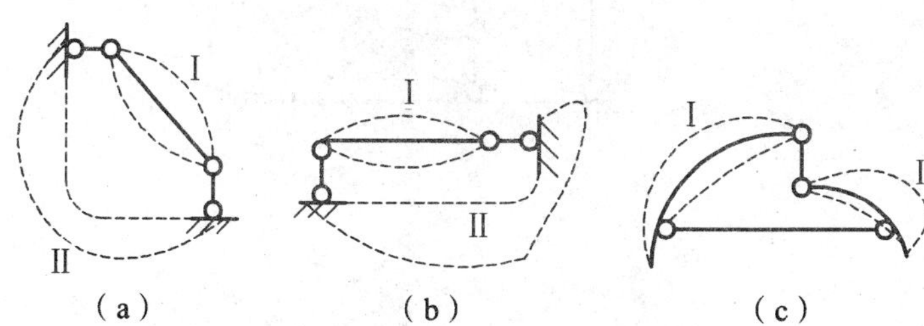

1-18. 在下列图示体系中，标出各刚片之间存在的虚铰位置及名称。

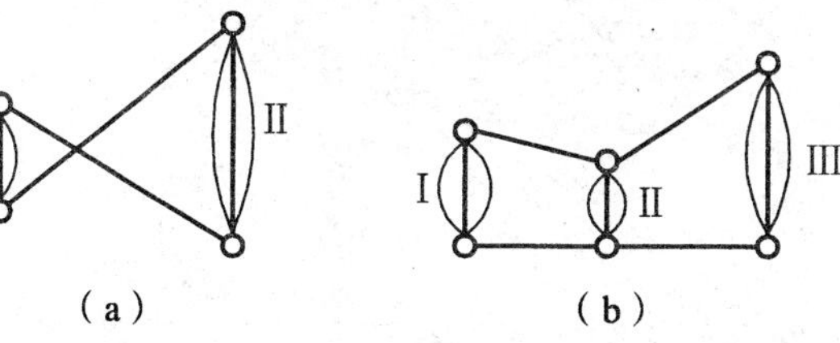

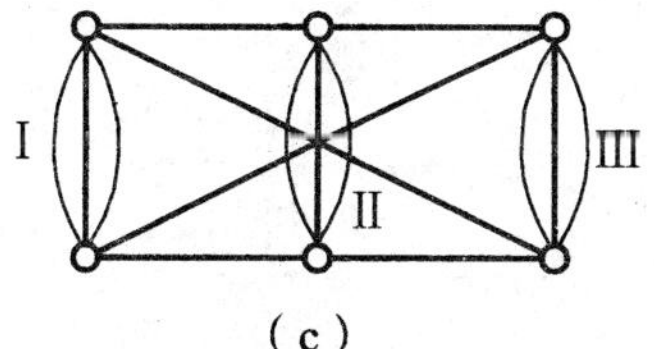

1-19. 对图示体系进行几何组成分析。

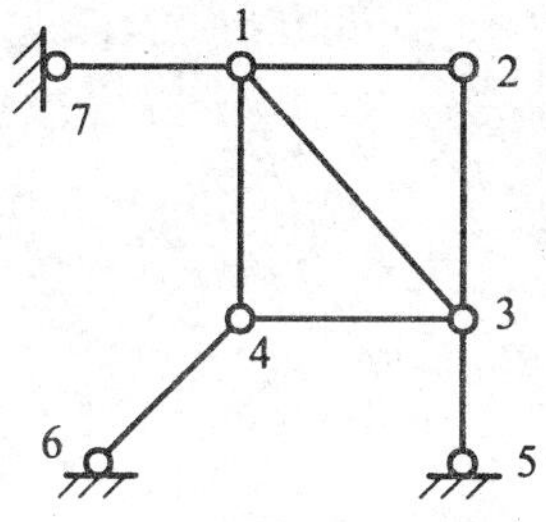

1-20. 对图示体系进行几何组成分析。

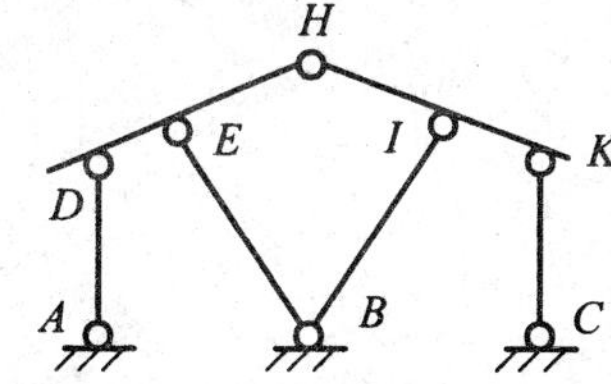

1-21．对图示体系进行几何组成分析。

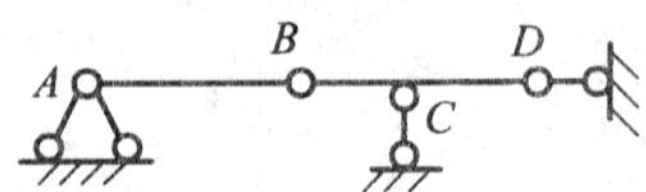

1-23．对图示体系进行几何组成分析。

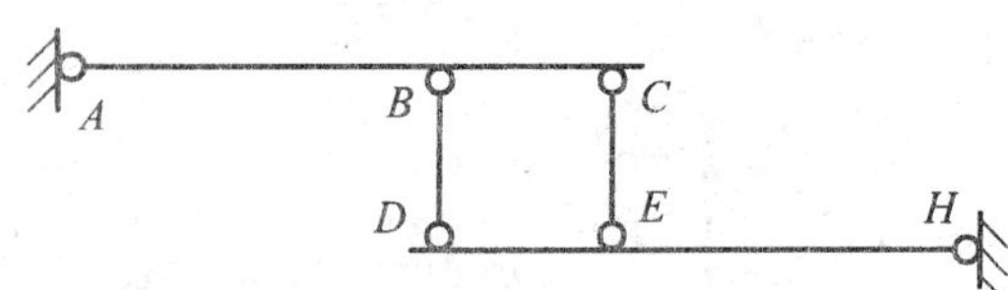

1-22．对图示体系进行几何组成分析。

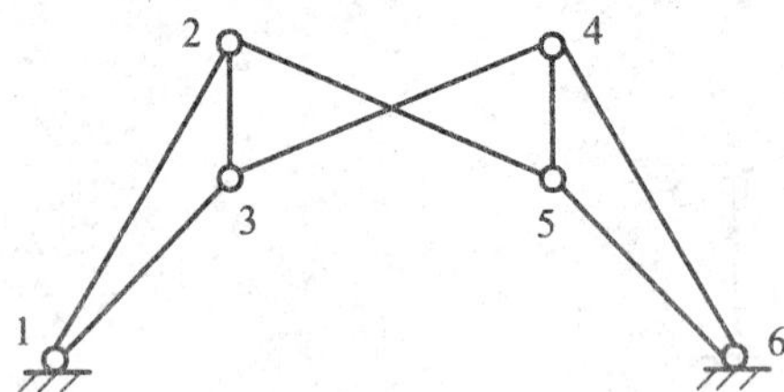

1-24．对图示体系进行几何组成分析。

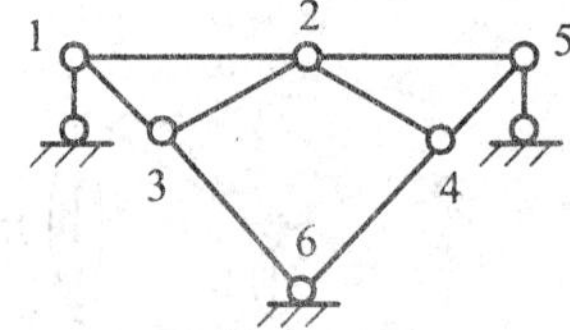

1-25．对下列图示体系进行几何组成分析后，给出结论。

（1）

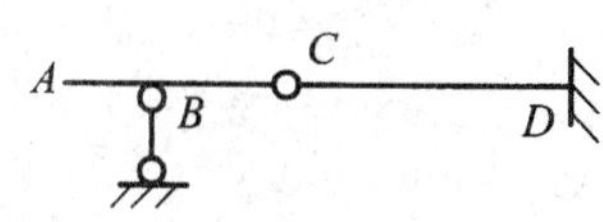

________联系________体系

（2）

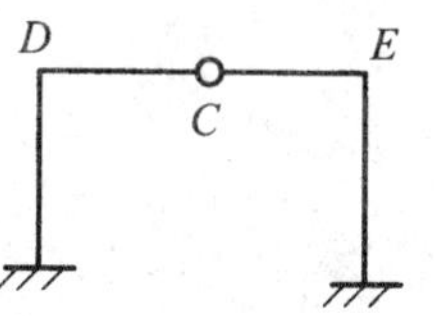

________联系________体系

（3）

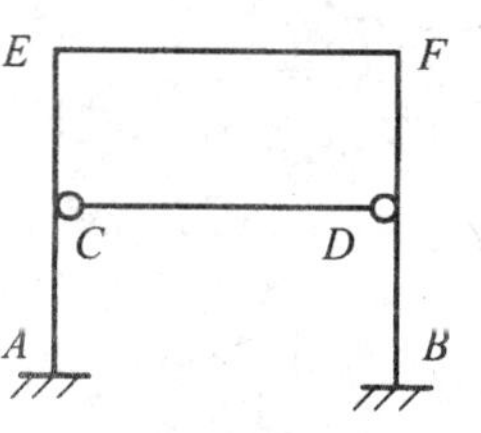

________联系________体系

（4）

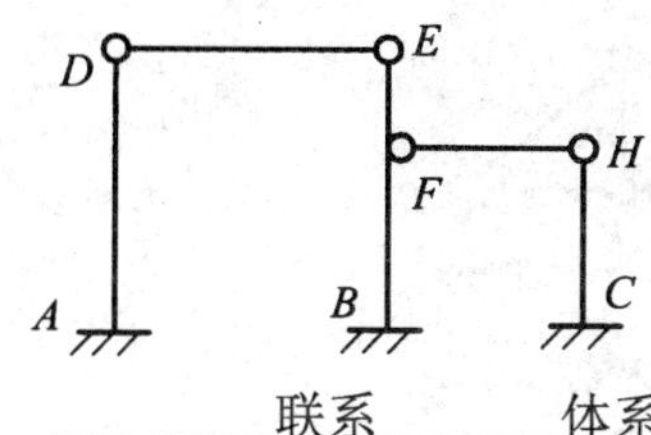

________联系________体系

（5）

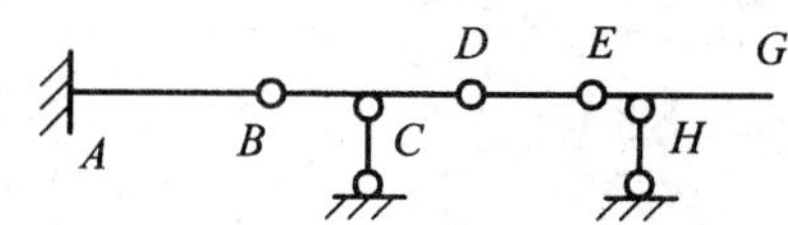

________联系________体系

（6）

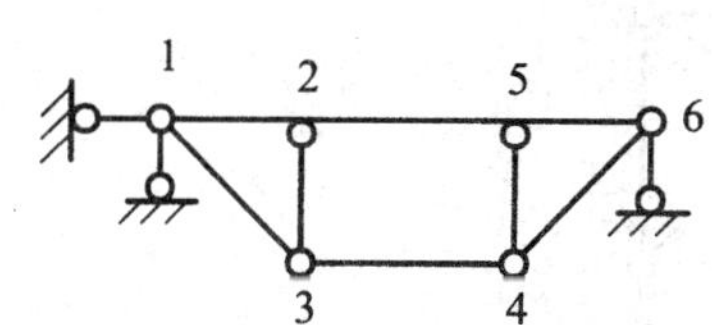

________联系________体系

1-26. 对下列图示体系进行几何组成分析后，给出结论。

（1）

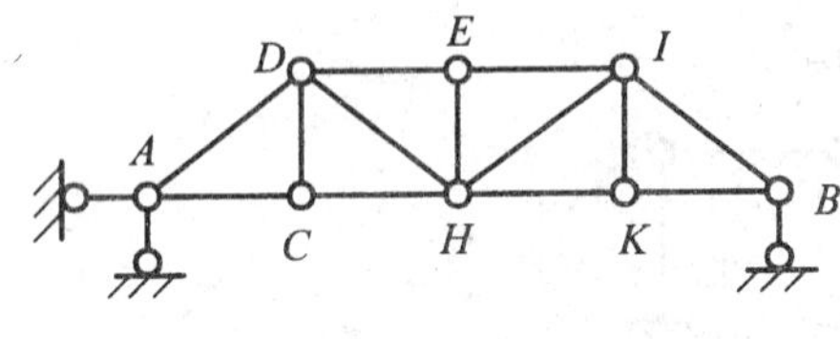

＿＿＿＿联系＿＿＿＿体系

（2）

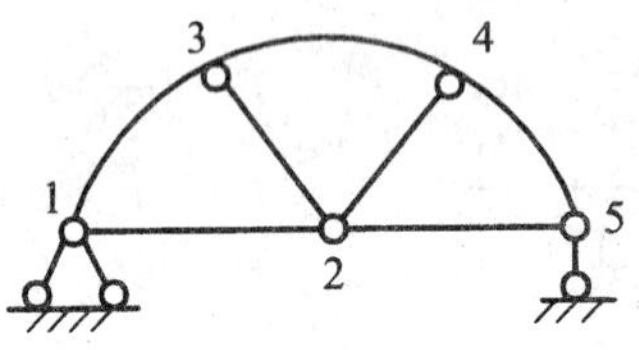

＿＿＿＿联系＿＿＿＿体系

（3）

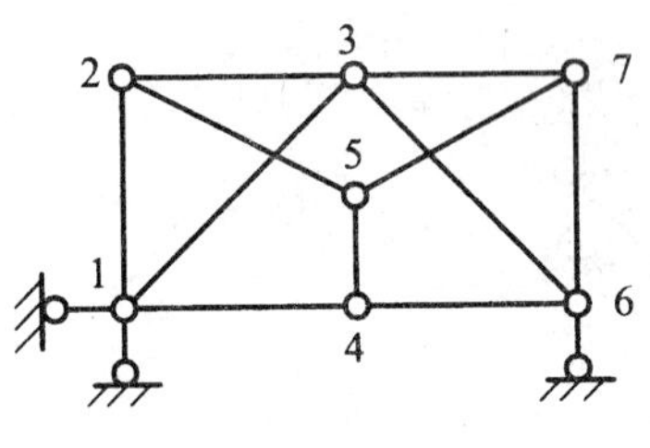

＿＿＿＿联系＿＿＿＿体系

（4）

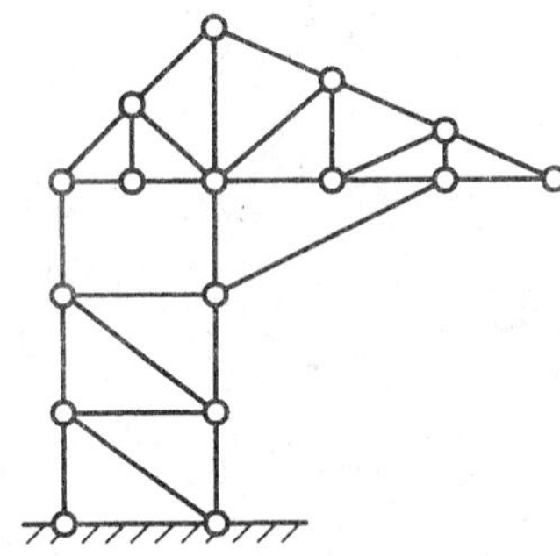

＿＿＿＿联系＿＿＿＿体系

（5）

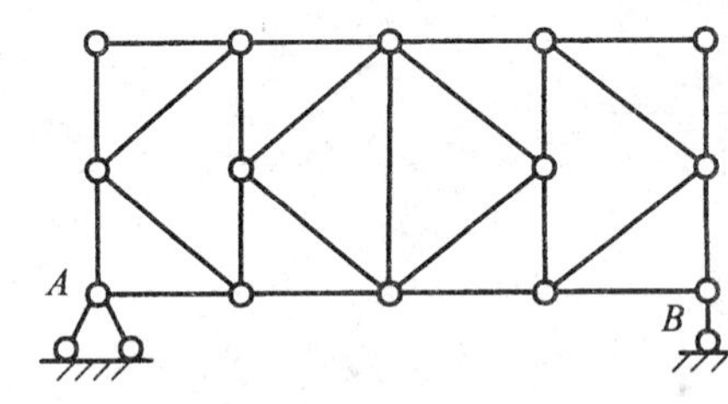

＿＿＿＿联系＿＿＿＿体系

2-1．用结点法求各杆的内力。

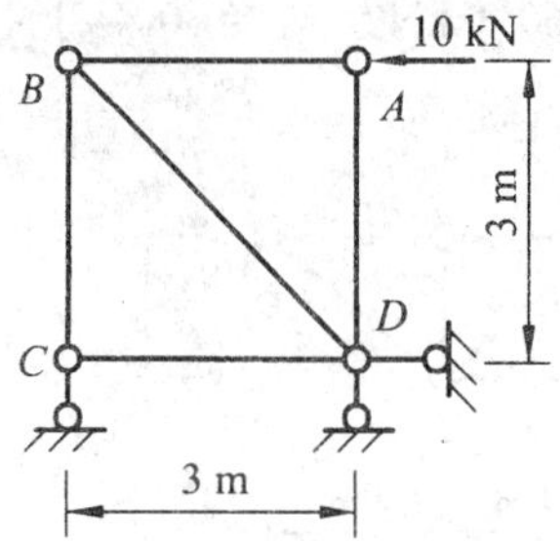

2-2．试判断下列各桁架的零力杆，并标注在图上。

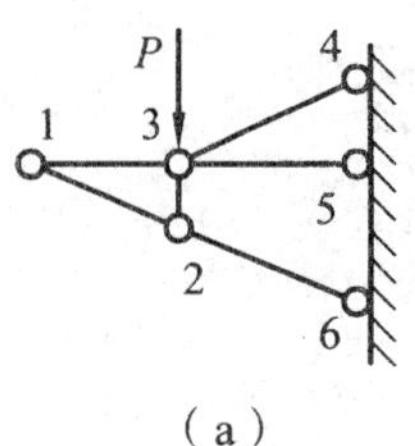

（a）

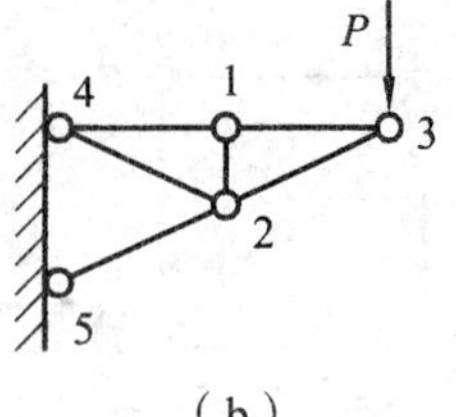

（b）

2-3．试判断下列各桁架的零力杆，并标注在图上。

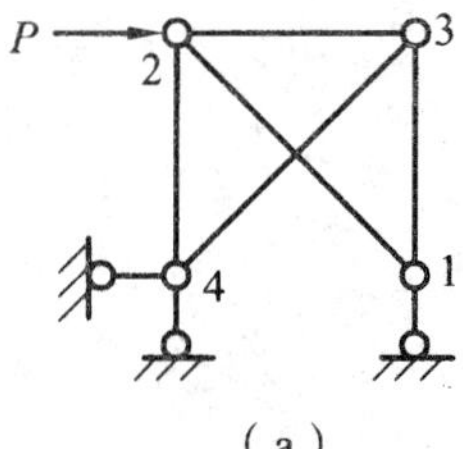

（a）

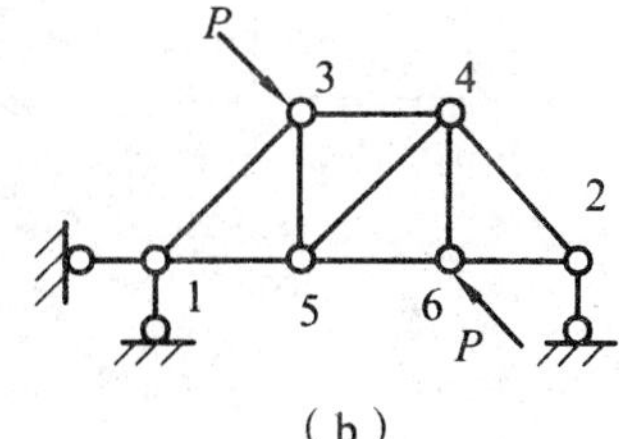

（b）

2-4．试判断下列各桁架的零力杆，并标注在图上。

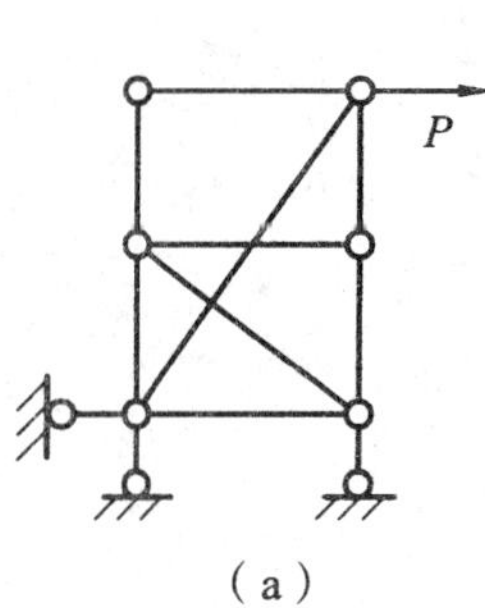

（a）

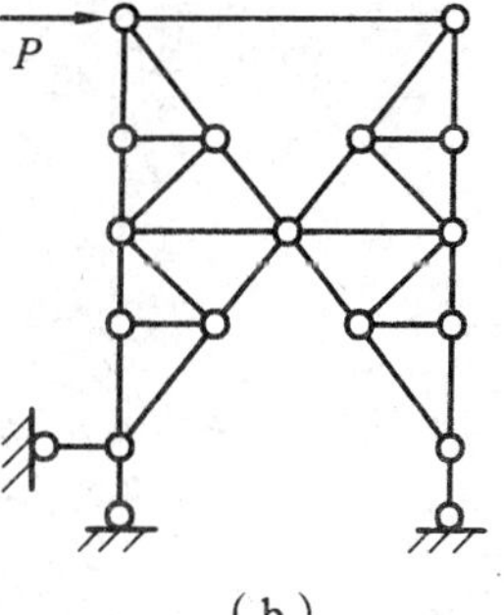

（b）

班级__________ 姓名__________ 学号__________

2-5．判断出图示桁架零力杆后，用结点法求各杆的内力。

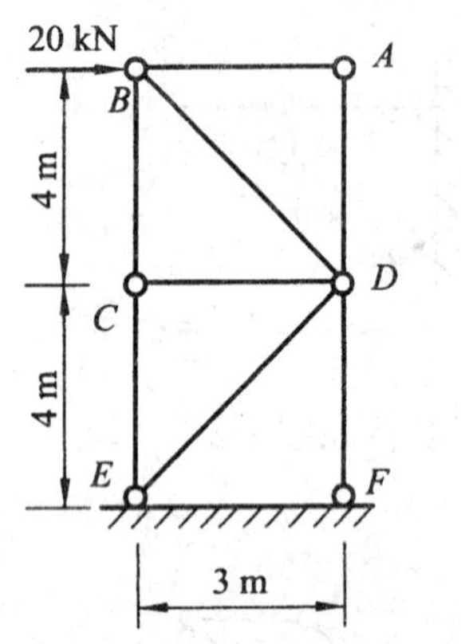

20 kN
B

D

2-6．判断出图示桁架零杆力后，用结点法求各杆的轴力。

（答案：$N_{CE}=-100/3$ kN，$N_{DE}=160/3$ kN，$N_{BE}=100/3$ kN）

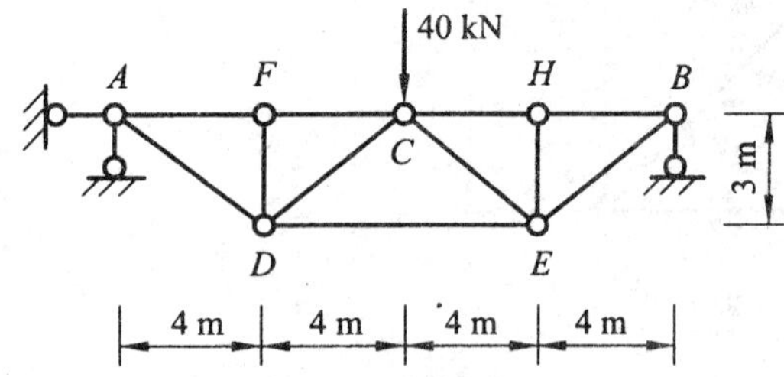

2-7. 先求支座反力，然后用截面法求图示桁架中指定杆的轴力。

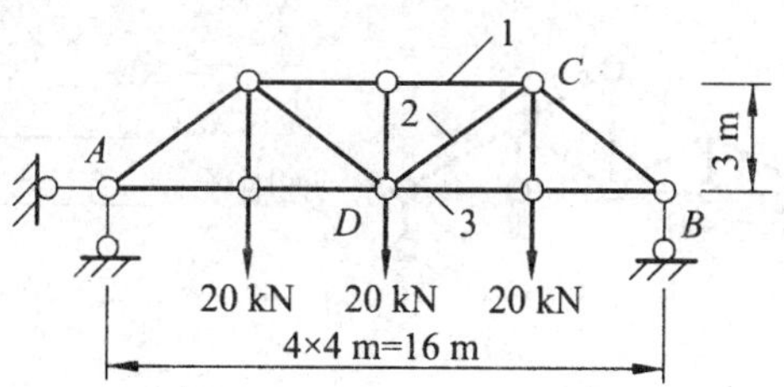

2-8. 不求桁架支座反力，用截面法求指定杆的轴力。

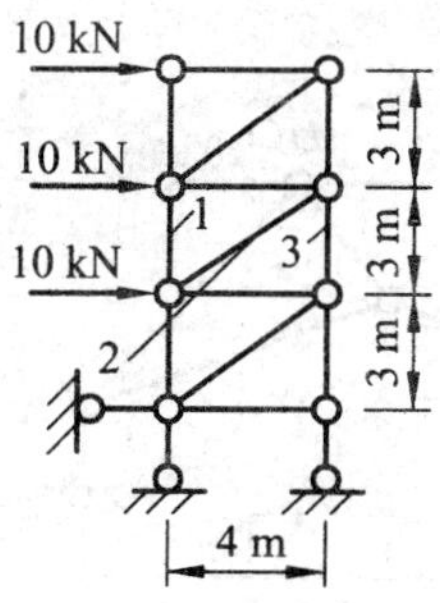

2-9．用较简捷的方法求图示桁架指定杆的轴力。

（1）求 N_{CD}

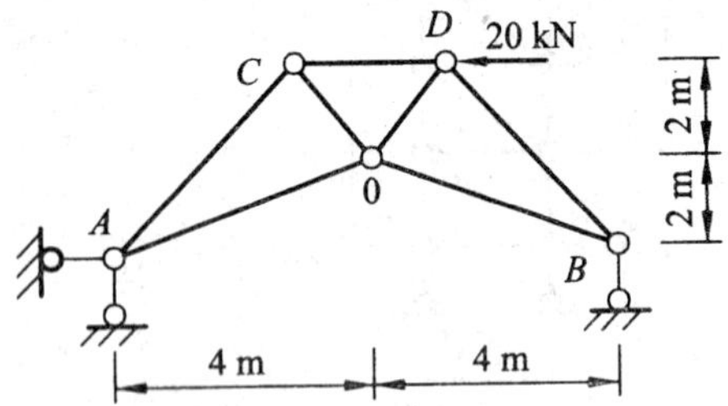

（2）求 N_{AG}

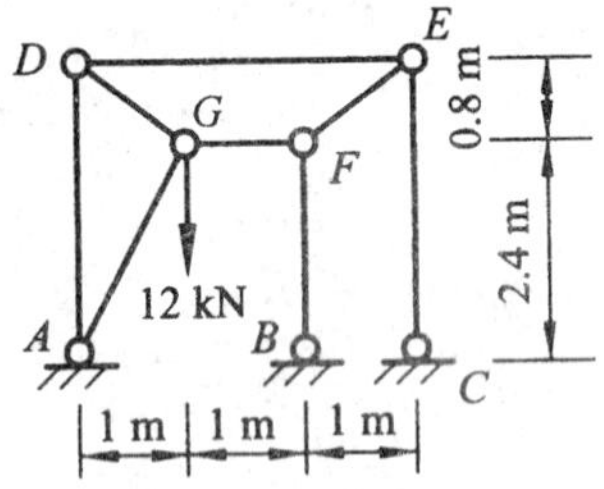

2-10．指出下列各桁架的主要优点及其适用于何种情况。

（1）

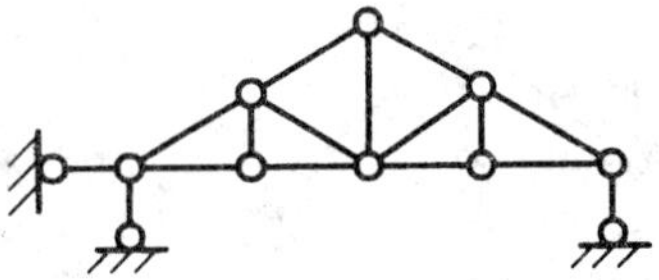

优　点：＿＿＿＿＿＿＿

适用于：＿＿＿＿＿＿＿

（2）

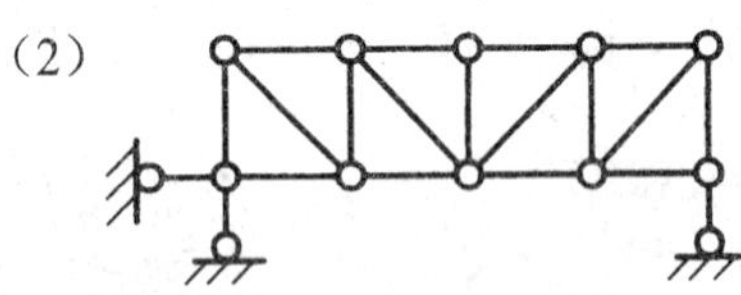

优　点：＿＿＿＿＿＿＿

适用于：＿＿＿＿＿＿＿

（3）

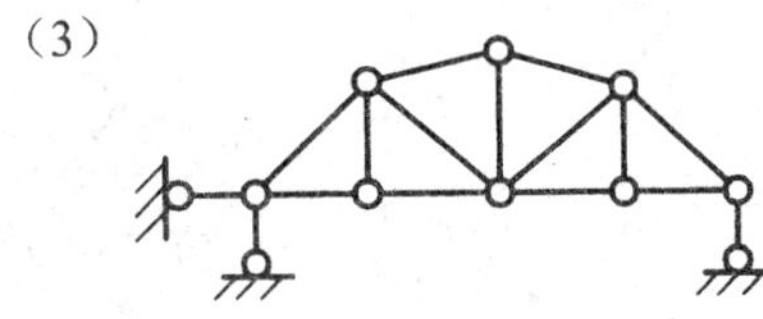

优　点：＿＿＿＿＿＿＿

适用于：＿＿＿＿＿＿＿

2-11. 用较简捷的方法，求图示桁架指定杆的内力。

（答案: $N_1 = -9.16\ \text{kN}$，$N_2 = 9.16\ \text{kN}$）

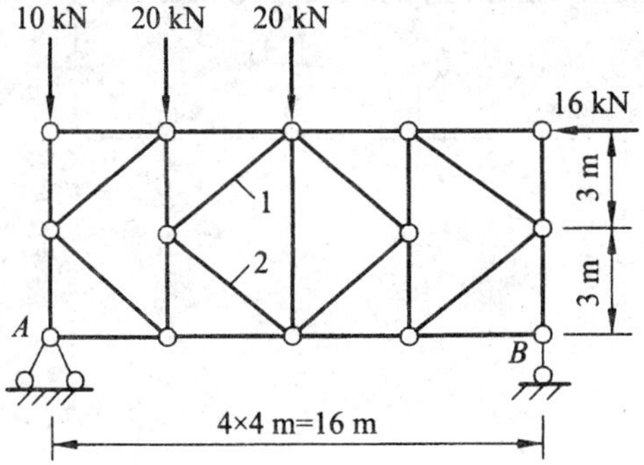

10 kN　20 kN　20 kN　16 kN

3 m　3 m

1　2　A　B

4×4 m=16 m

3-1．试作图示柱的V图和M图。

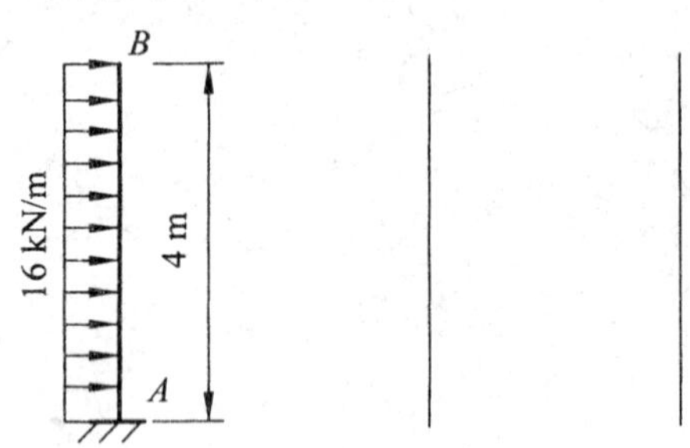

3-2．试用叠加法作图示梁M图。

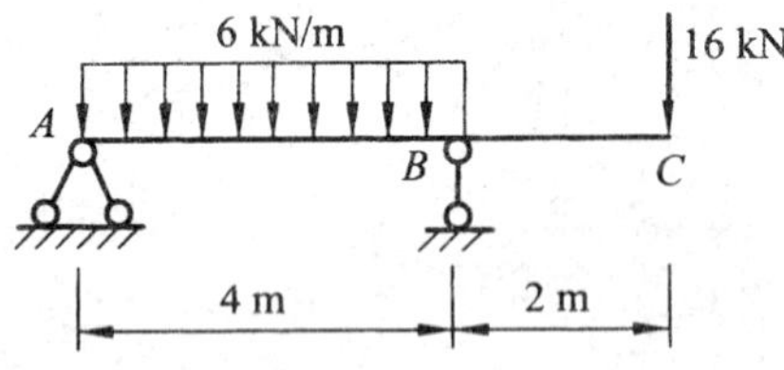

M图
（kN·m）

3-3．求图示附基静定梁C支座反力，并作该梁的内力图。

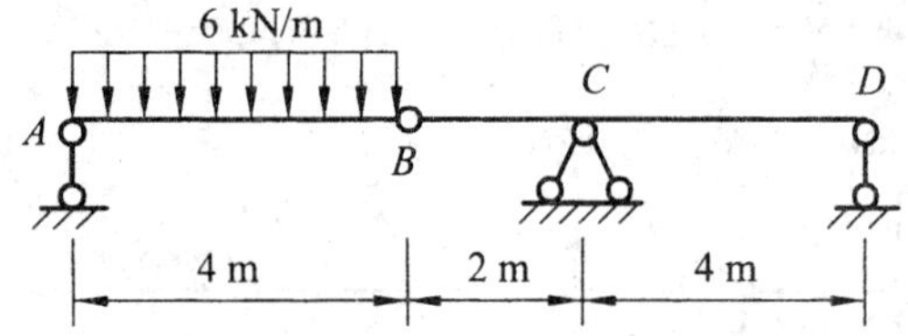

层次图

单跨梁
受力图

M图
（kN·m）

V图
（kN）

3-4．求图示附基静定梁C支座反力，并作该梁的内力图。

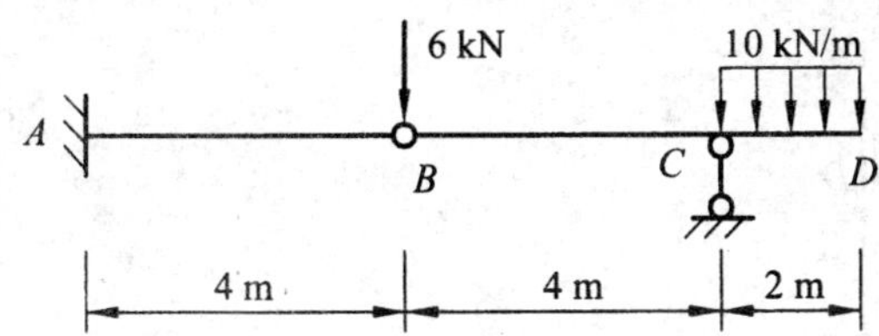

层次图

单跨梁
受力图

M图
（kN・m）

V图
（kN）

3-5．按正方向补画下列脱离体中待求截面内力，并列方程求出其内力。

（1）BD段B截面

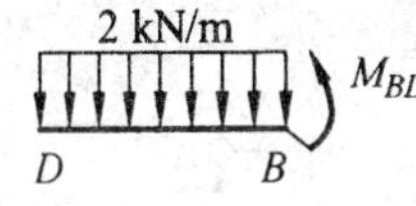

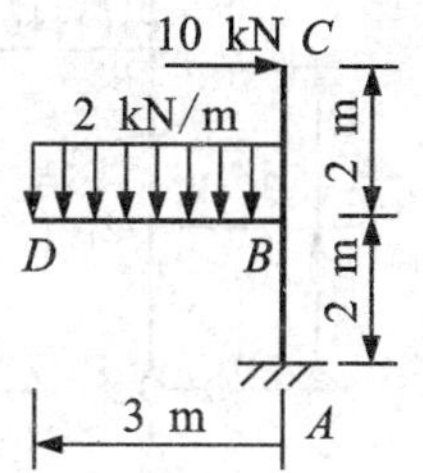

（2）CB段C截面

10 kN C
V_{CB}

（3）BA段B截面

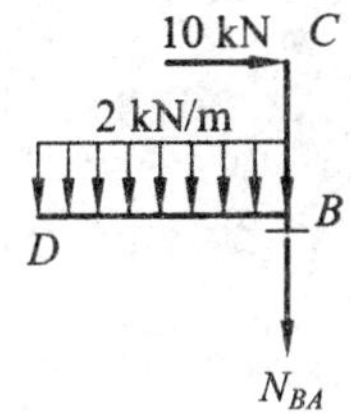

3-6. 求得图示刚架支座反力后，再画出求截面内力，然后列方程或心算求出内力值。

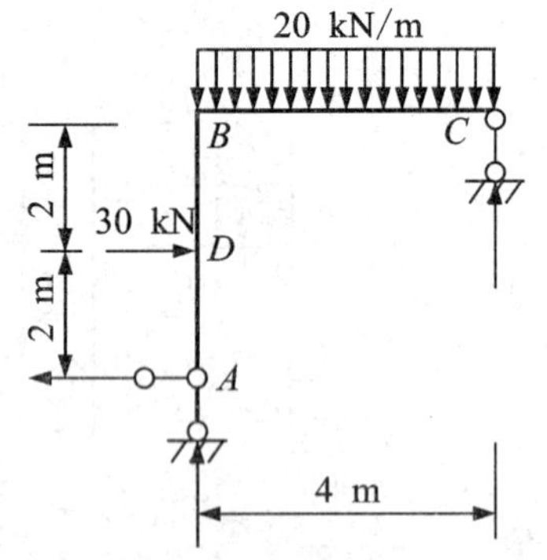

（1）*AD*段*A*截面内力

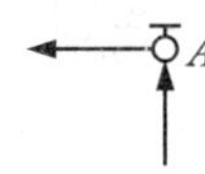

（2）*AD*段*D*截面内力

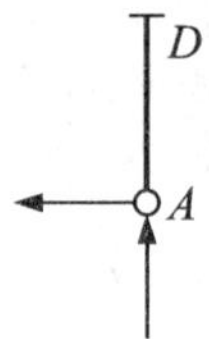

（3）*DB*段*D*截面内力

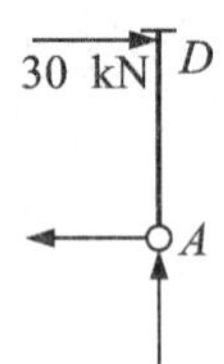

（4）*DB*段*B*截面

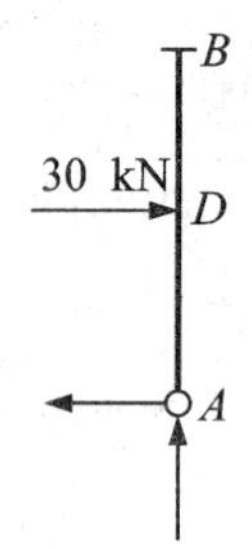

（5）*BC*段*B*截面

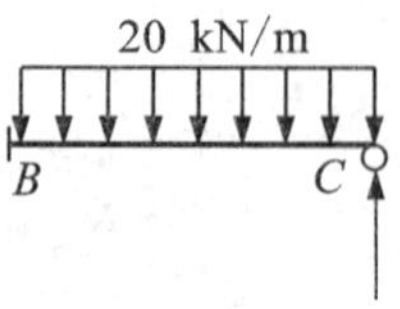

（6）*CB*段*C*截面

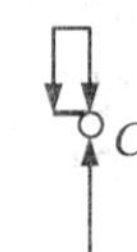

3-7．试作图示刚架M、V、N图。

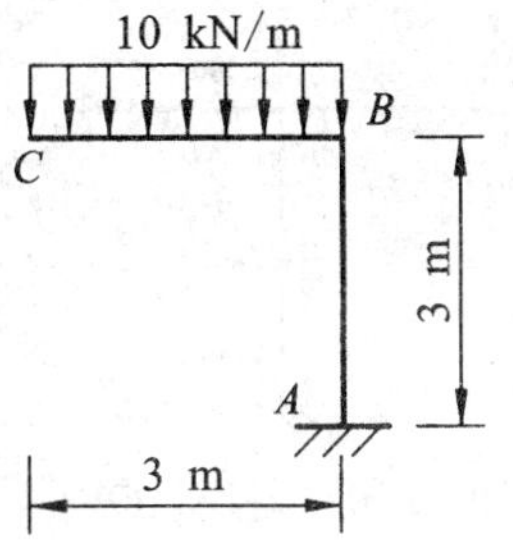

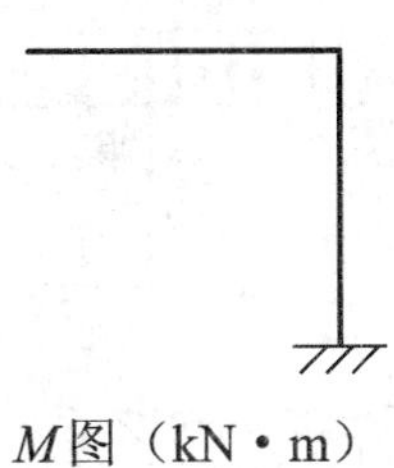

M图（kN·m）

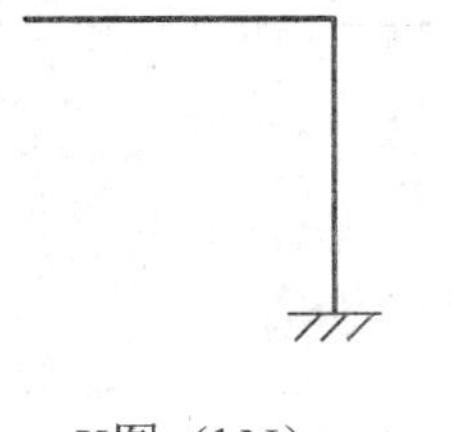

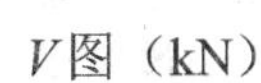

V图（kN）

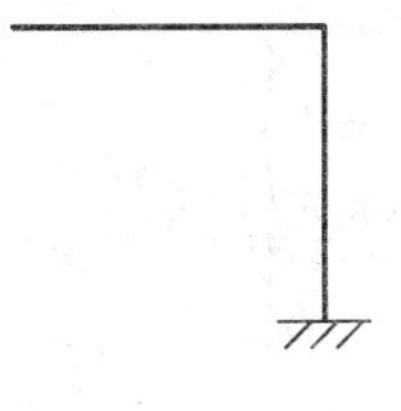

N图（kN）

3-8．试作图示刚架内力图。

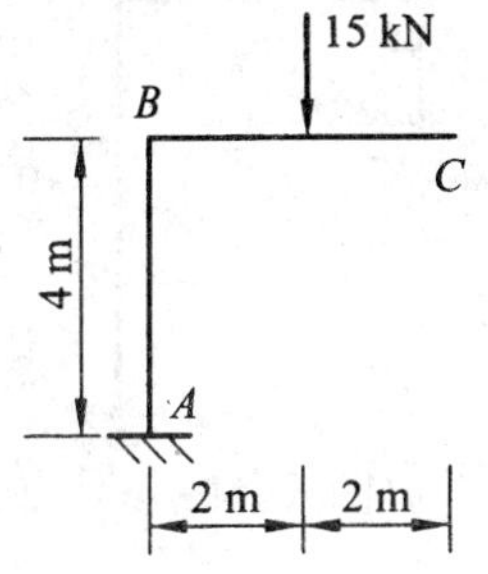

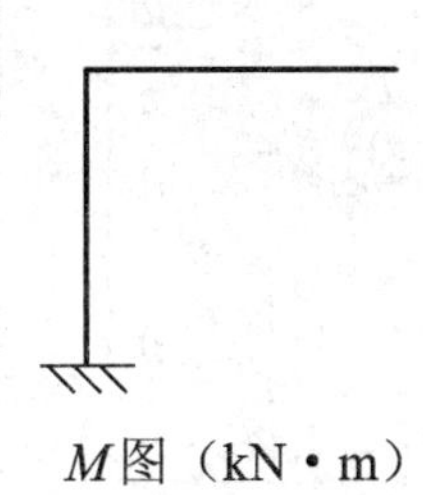

M图（kN·m）

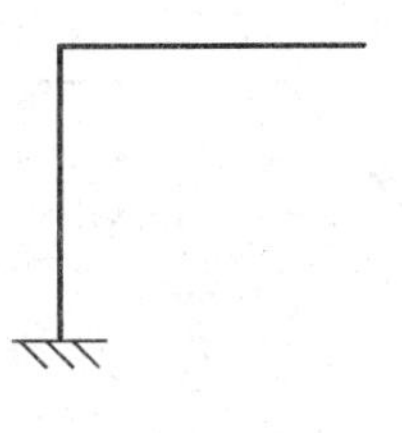

V图（kN）

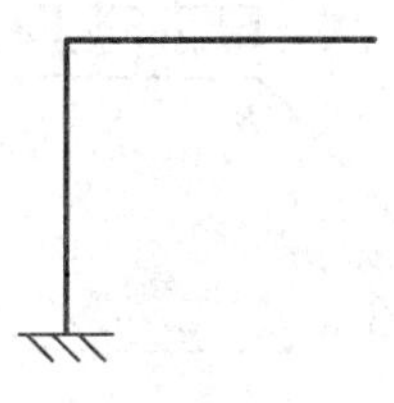

N图（kN）

3-9．试作图示刚架的弯矩图。

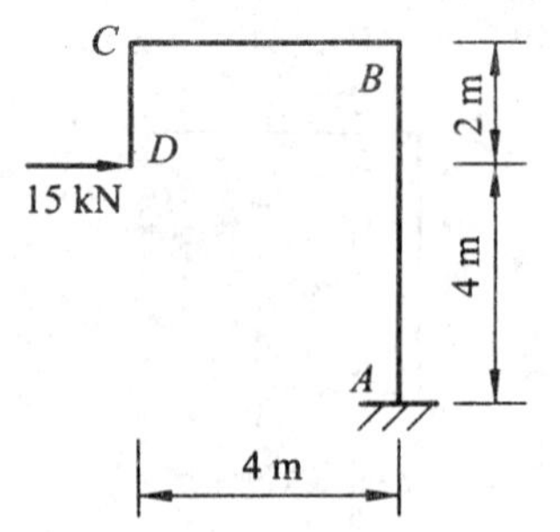

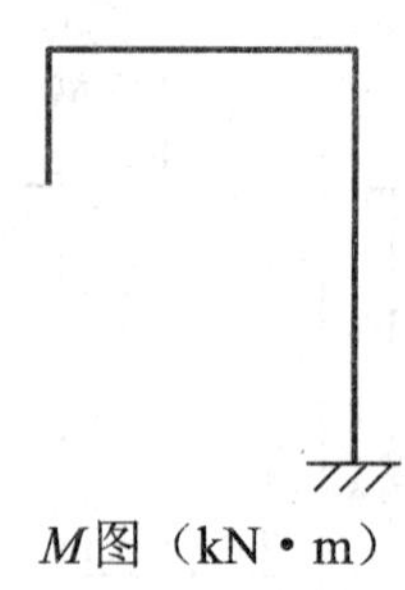

M图（kN·m）

3-11．试作图示刚架内力图。

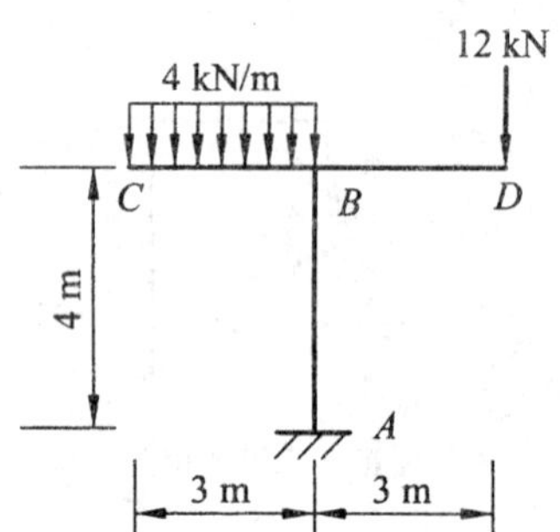

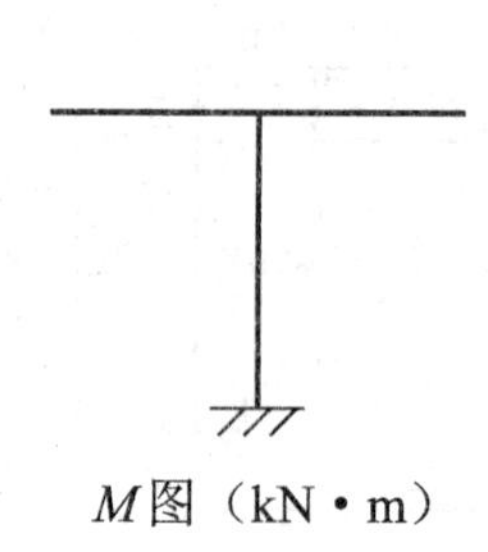

M图（kN·m）

3-10．试作图示刚架的弯矩图。

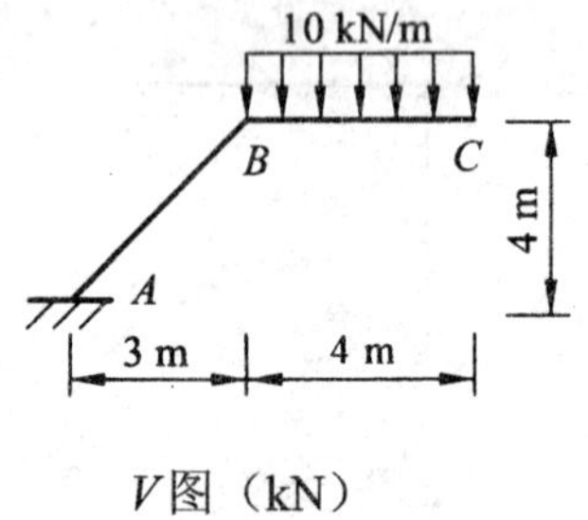

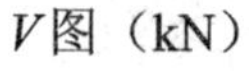

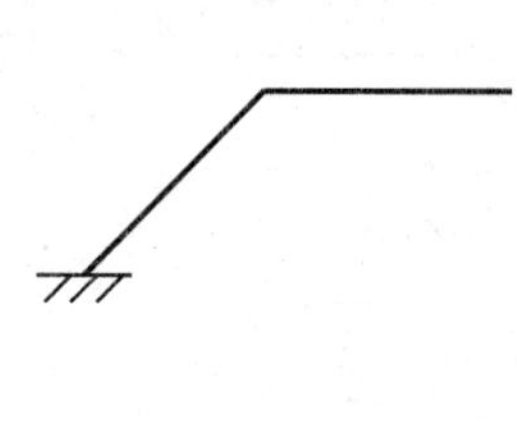

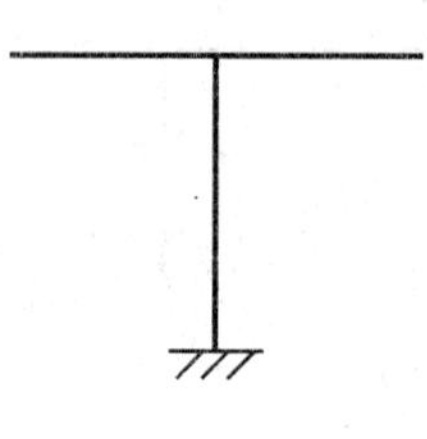

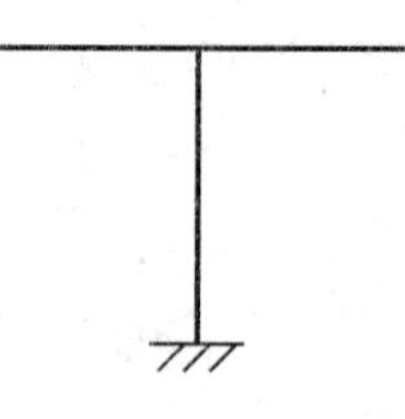

V图（kN）　　N图（kN）　　V图（kN）　　N图（kN）

3-12．作简支刚架内力图时，第一步是__________。

a．求支座反力　　b．不求支座反力

3-13．先求得支座反力后，再作刚架内力图。

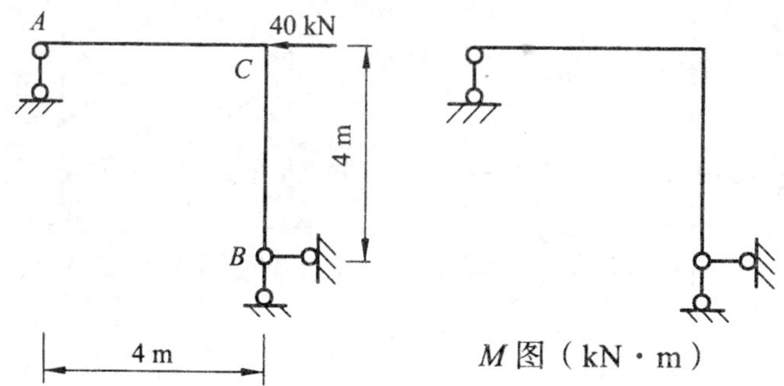

M 图（kN · m）

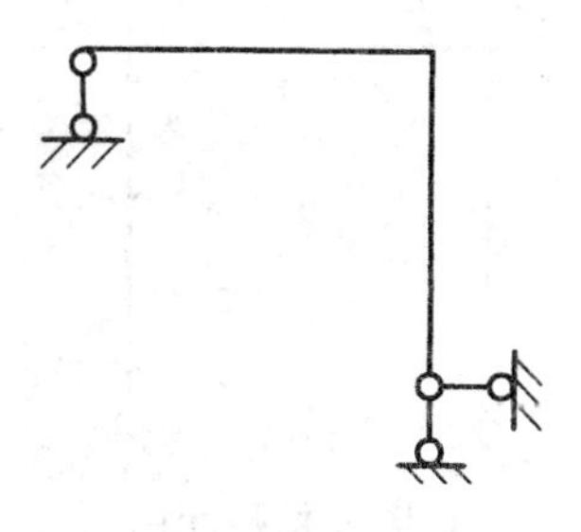

V 图（kN）

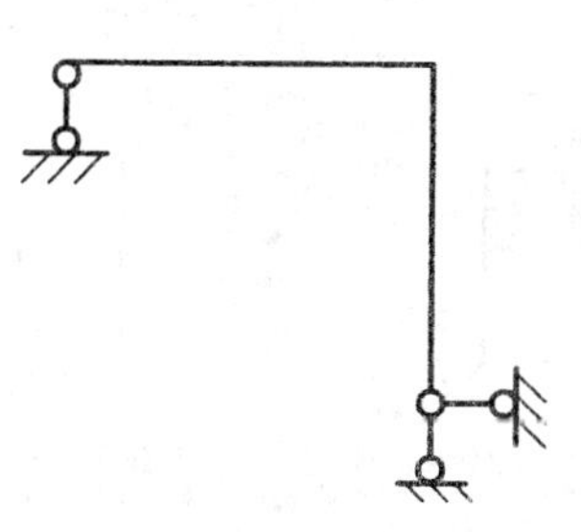

N 图（kN）

3-14．先求得支座反力后，再作刚架内力图。

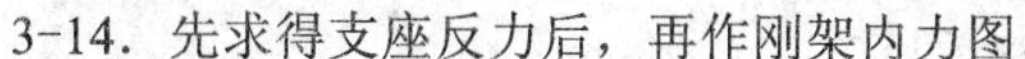

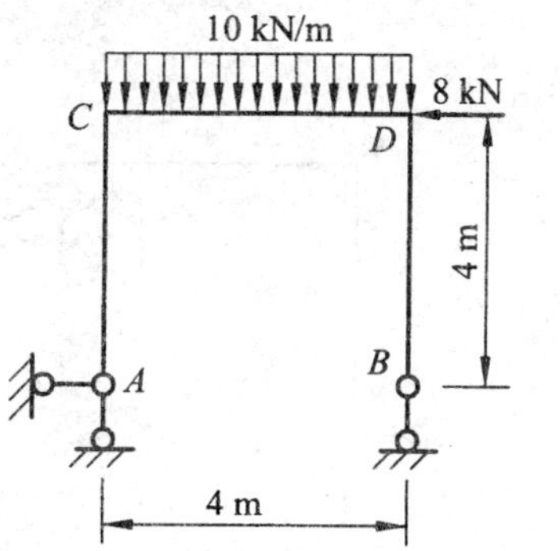

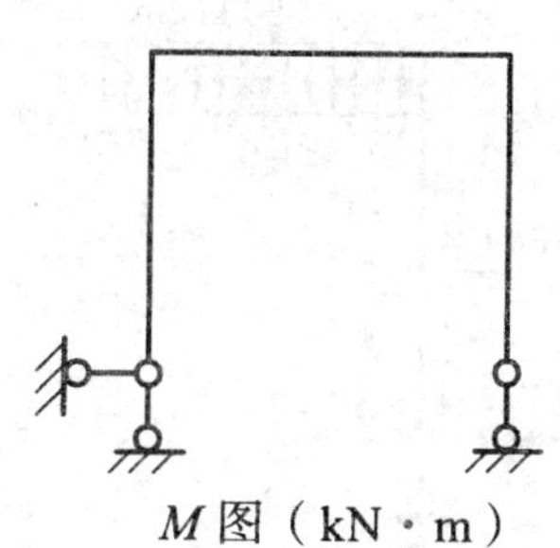

M 图（kN · m）

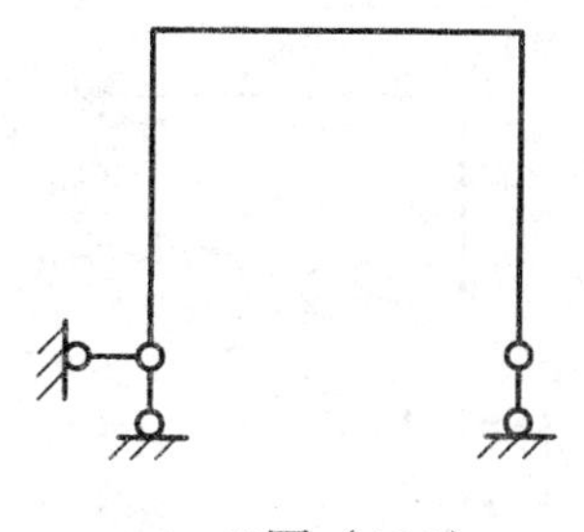

V 图（kN）

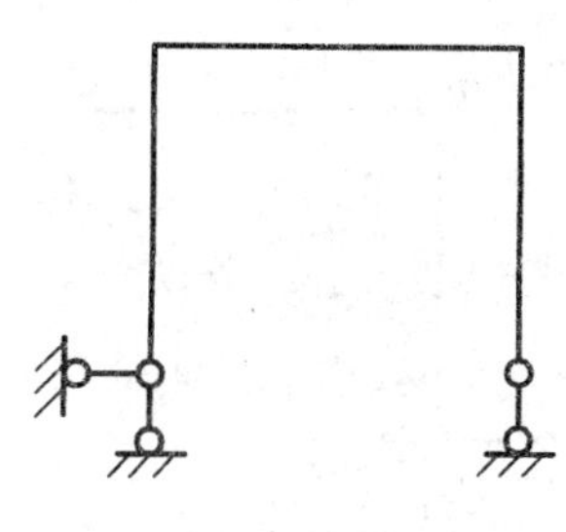

N 图（kN）

3-15．先求得支座反力后，再作刚架内力图。

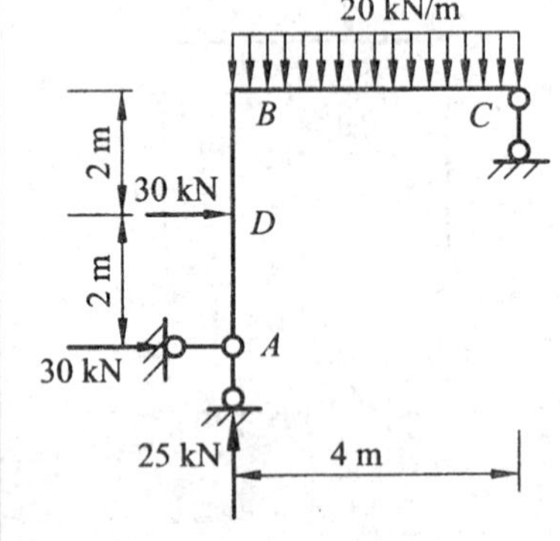

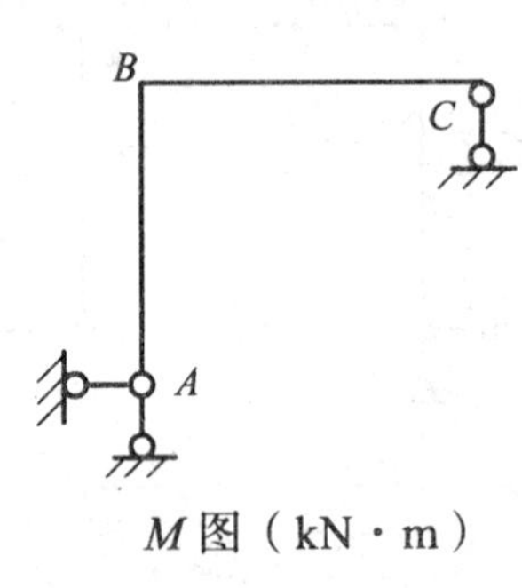

M 图（kN · m）

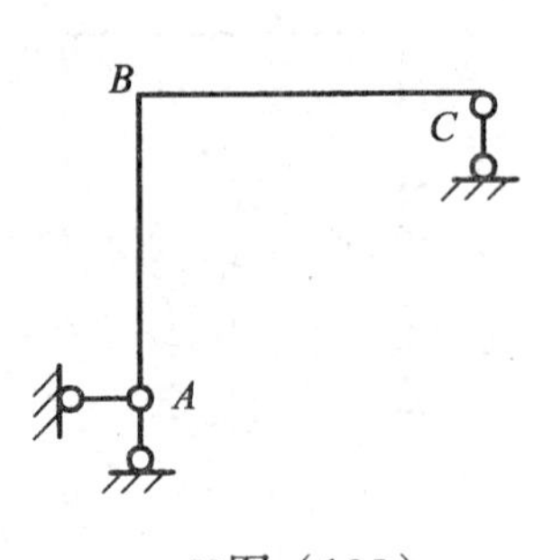

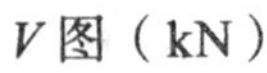
V 图（kN）

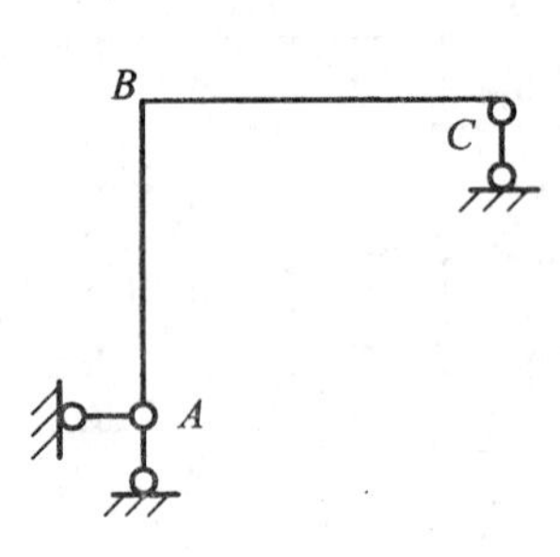

N 图（kN）

3-16．先求得支座反力后，再作刚架M图。

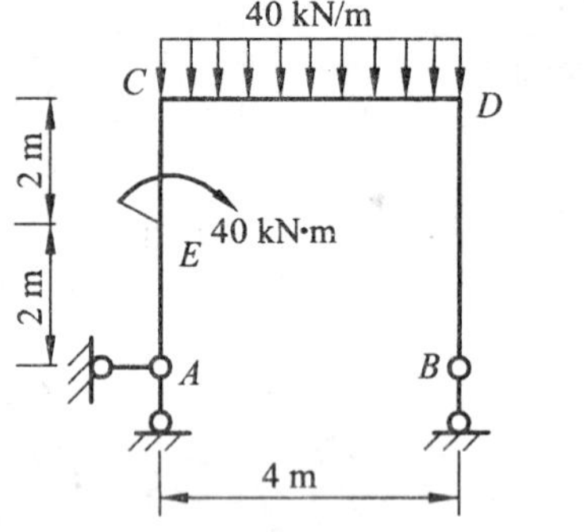

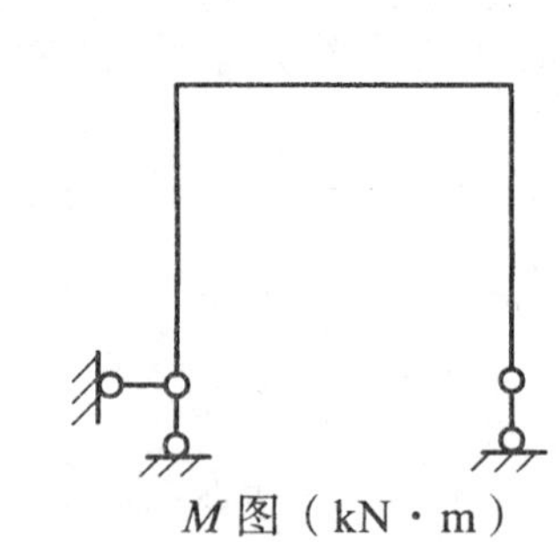
M 图（kN · m）

3-17．先求得支座反力后，再作刚架M图。

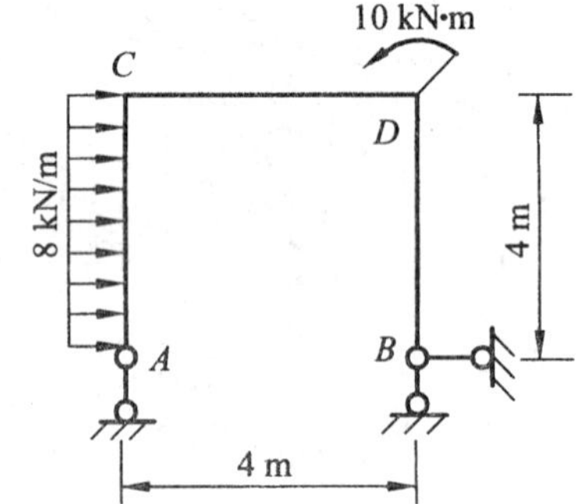

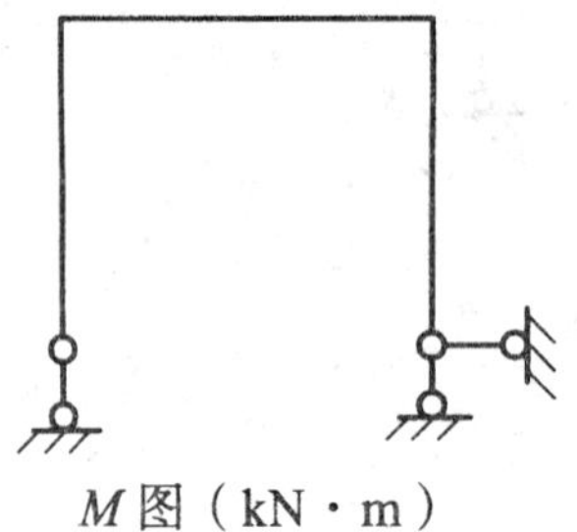
M 图（kN · m）

3-18．试作图示三铰刚架M图。

（1）

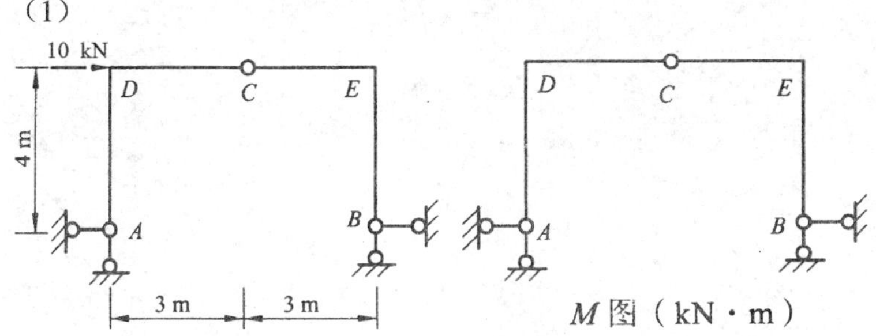

M图（kN·m）

（2）

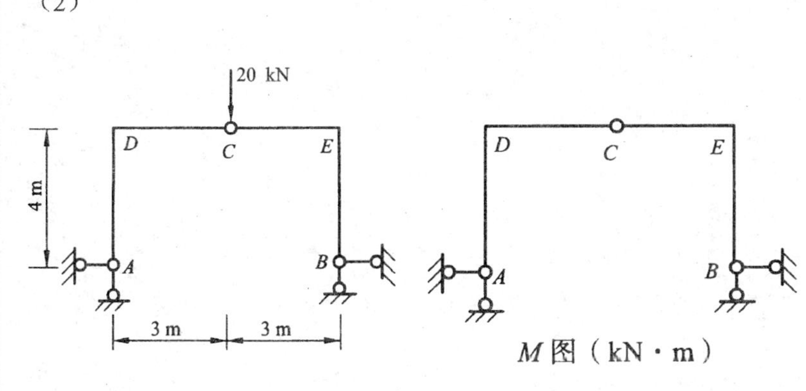

M图（kN·m）

3-19．下列结构中，不属于拱的是________。

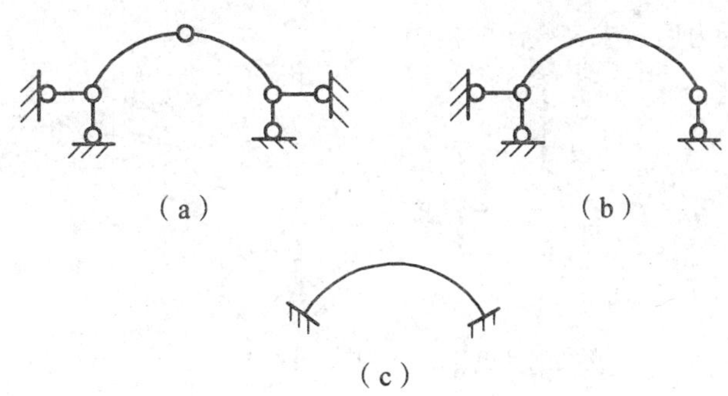

3-20．先画出相应简支梁，然后计算三铰拱的支座反力。

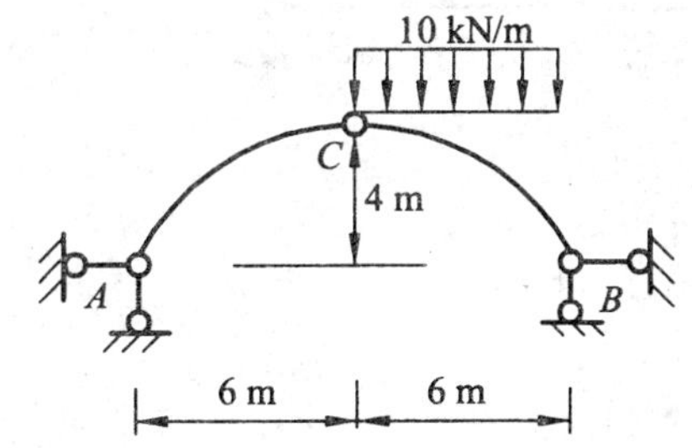

3-21．已知三铰拱的拱轴线方程为$y=\frac{4f}{l^2}x(l-x)$，先求得支座反力后再求K截面的内力。

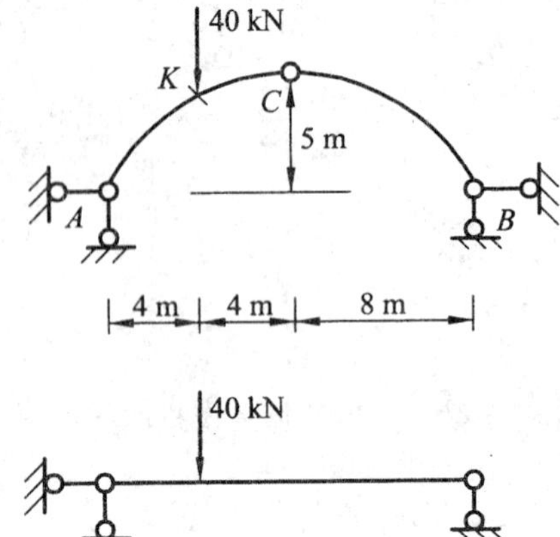

3-22．已知三铰拱的拱轴线方程为$y=x-\frac{1}{16}x^2$，试求其支座反力及K截面内力。［答案：H=62 kN（→←）］

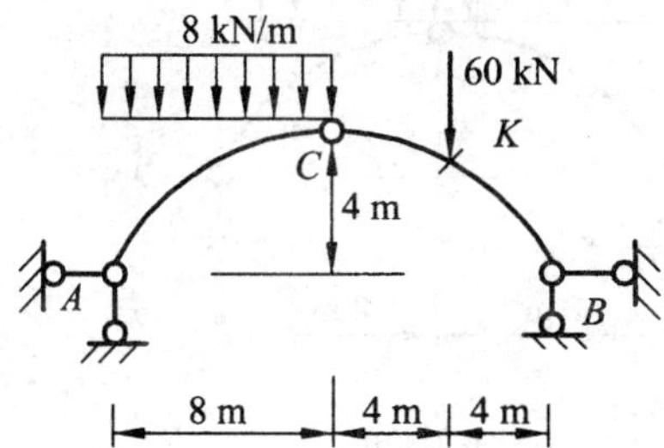

3-23．对下列相似的两公式中的各相关量各有两种命题，在你认为正确的后面记“√”。

（1）$H=\dfrac{M_c^0}{f}$　　（2）$y(x)=\dfrac{M^0(x)}{H}$

M_c^0 {
- M_c^0是简支梁C截面弯矩值（　）
- 因H是常量，故M_c^0也是常量（　）

f {
- f是三铰拱的拱高（　）
- f和M_c^0是同属于三铰拱的量（　）

$M^0(x)$ {
- $M^0(x)$是三铰拱任一截面的弯矩（　）
- 因$y(x)$是x的函数，故$M^0(x)$也是x的函数（　）

3-24．判断下列命题是否正确，在正确的后面记“√”，

a．抛物线方程是所有三铰拱的合理拱轴方程。（　）

b．三铰拱的一个合理拱轴方程只对应一组荷载。（　）

c．均布荷载的合理拱轴应是一半圆弧形。（　）

3-25．求图示三铰拱在均布荷截作用下的合理拱轴方程。

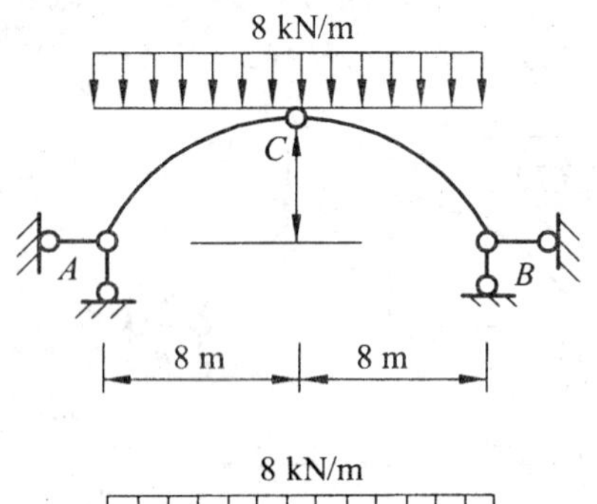

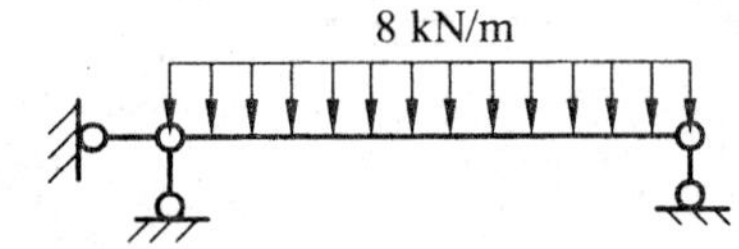

3-26．用三铰拱内力计算公式求图示三铰刚架内力M_{EC}，V_{EC}，N_{EC}。

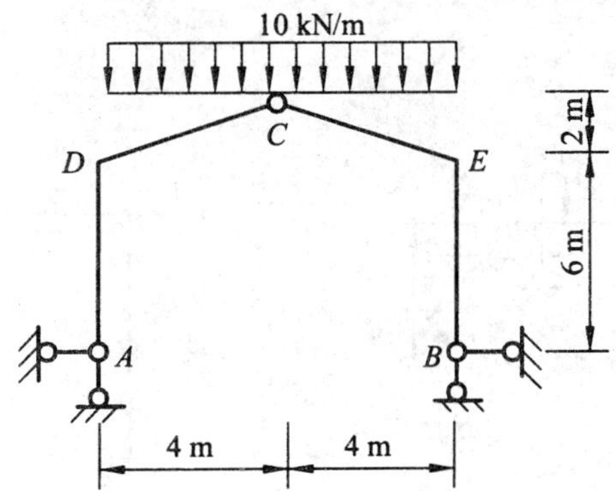

4-1.（1）在图（a）中用受力图表达出图示结构全部外力。

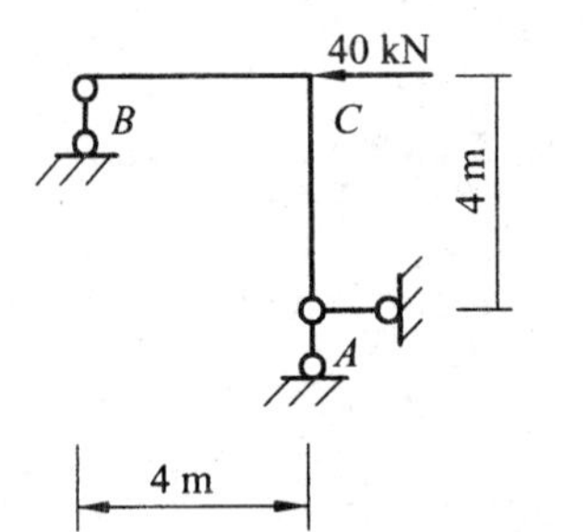

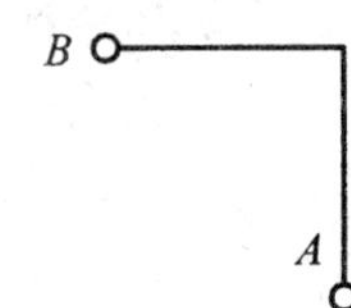

全部外力表示图（a）

（2）在图（b）中画出全部M内力，在图（d）中画出全部N内力。（其中V图已画出）

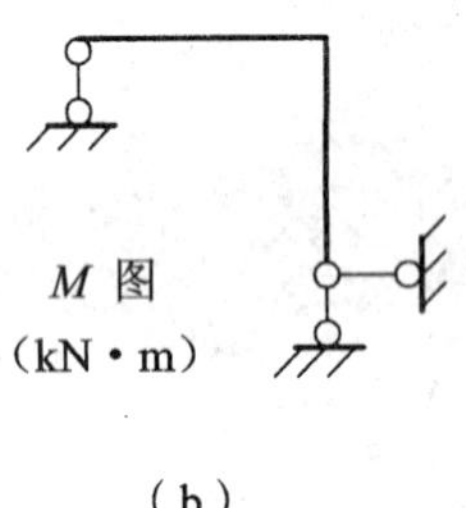

（b）

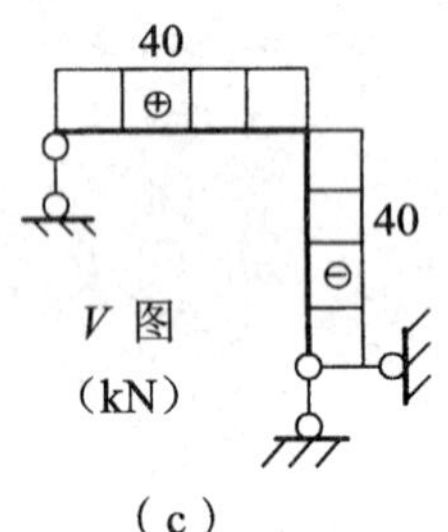

（c）

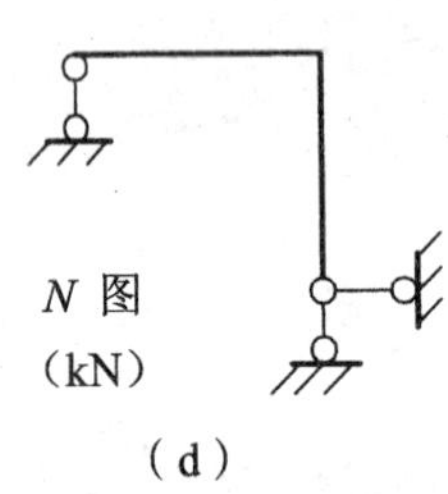

（d）

4-2. 设图（a）为位移状态，图（b）为力状态，试写出结构的外力虚功。

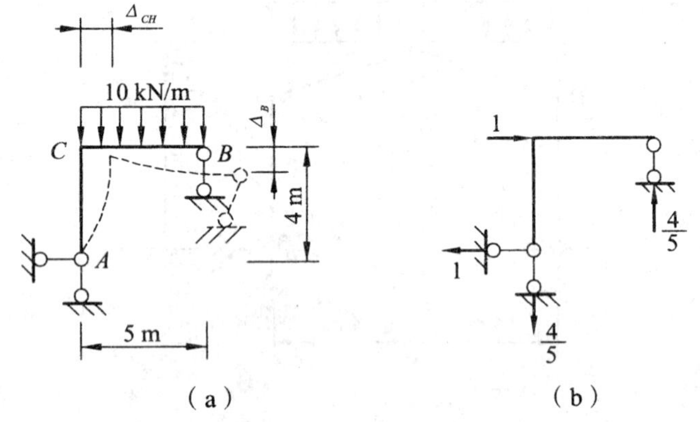

（a）　　　　（b）

外力虚功T_{ki}=________________________。

4-3. 设图（a）为位移状态，图（b）为力状态，试用积分表达式，表示出结构弯矩内力引起的内力虚功，其中EI为常量。

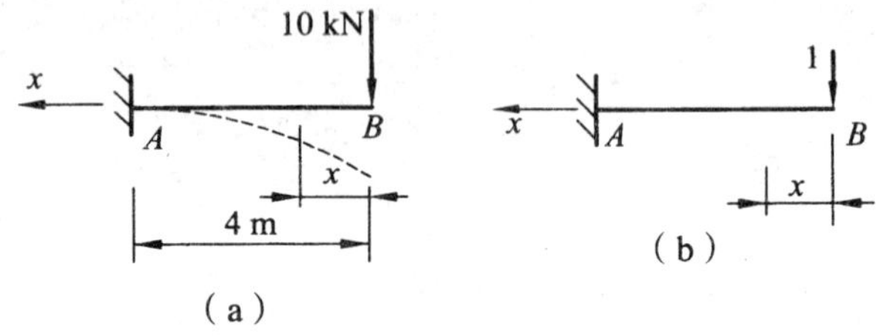

（a）　　　　（b）

弯矩内力虚功W_{ki}=________________

4-4．画出下列结构相对应的虚拟力状态。

（1）求 Δ_{CV}

力状态

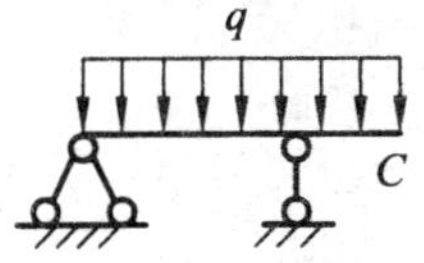

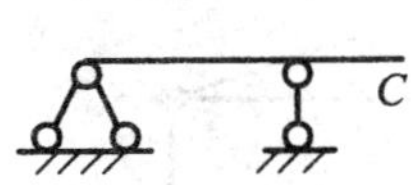

（2）求 Δ_{CH}

力状态

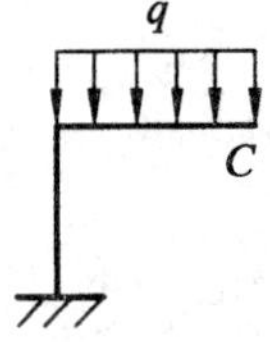

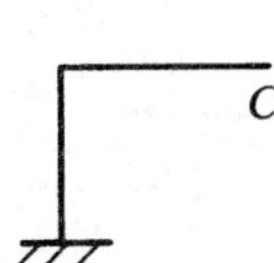

4-5．对求结构位移的虚拟力状态有下列几种说法，其中错误的是__________。

a．虚拟力状态的设置与荷载有关

b．虚拟力状态中的单位力只需加在原结构上

c．虚拟力状态中的力的单位是牛或千牛

4-6．画出下列结构相对应的虚拟力状态。

（1）求 Δ_{CH}

力状态

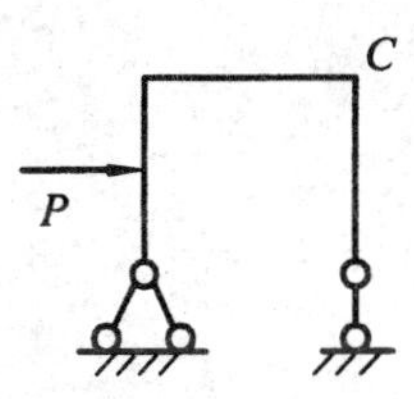

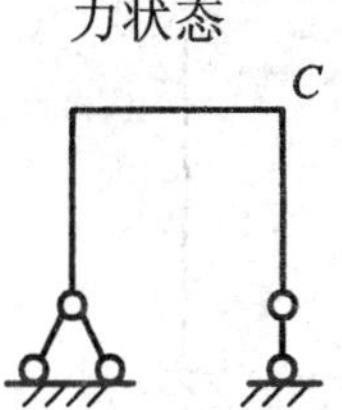

（2）求 Δ_{CV}

力状态

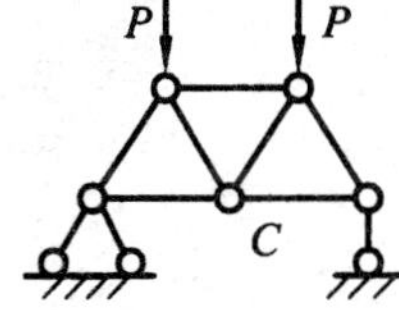

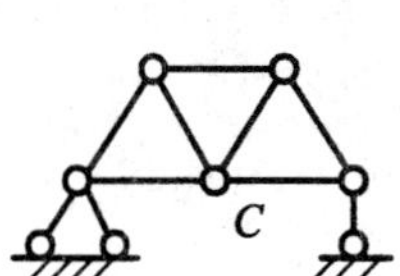

4-7．画出求结构 Δ_{C-D} 相应的虚拟力状态。

力状态

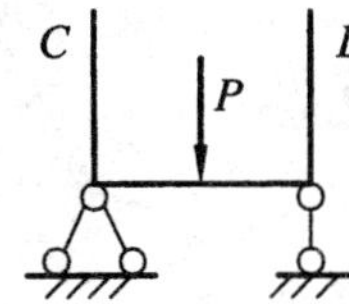

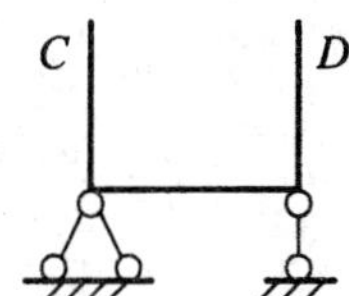

4-8．图示结构EI=常数，试用积分法求 Δ_{BH}。

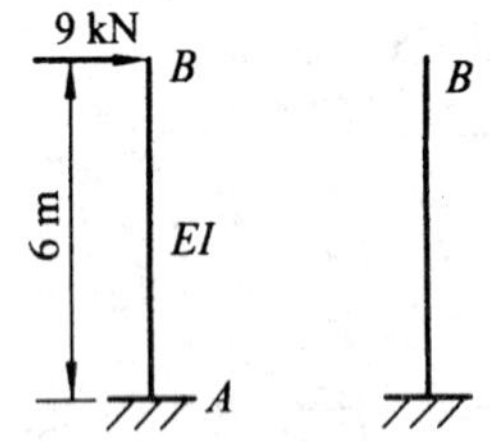

4-9．选做其一。图示桁架各杆$EA=12\times10^4$ kN。

（1）求 Δ_{AV}

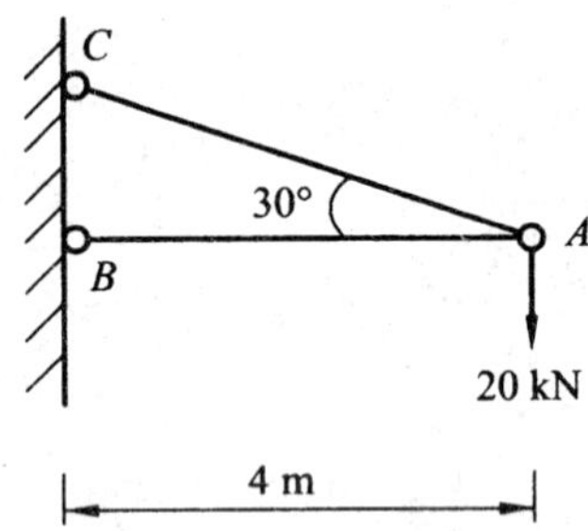

（2）求 Δ_{CV}

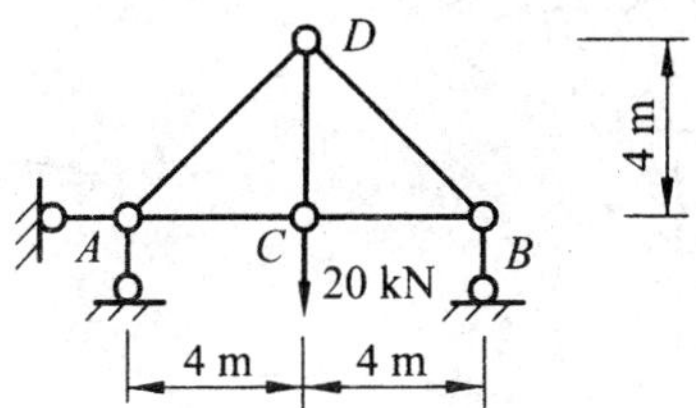

4-10．应用图乘法可求下列结构的位移，其中正确的有＿＿＿。

a．曲梁和拱

b．等截面梁和刚架

c．变截面梁

4-11．求图示梁的 Δ_{CV}，EI=常数。

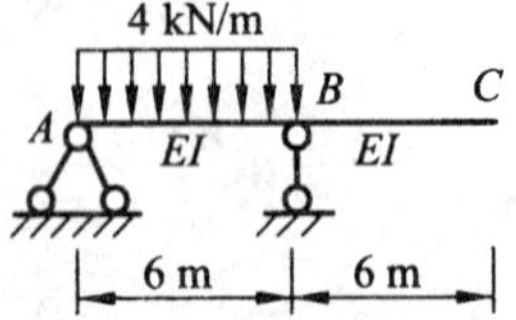

4-12．图示梁EI=常数，试用图乘法求 Δ_{CV}。若E=30 GPa，$I=6\times10^8\ \text{mm}^4$，求 Δ_{CV}之值。

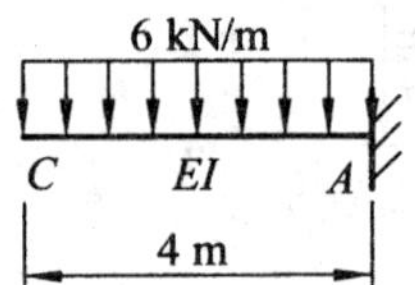

4-13．图示刚架 EI=常数，试用图乘法求 Δ_{CV}。

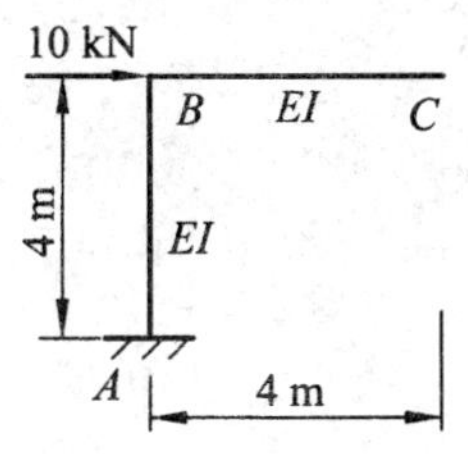

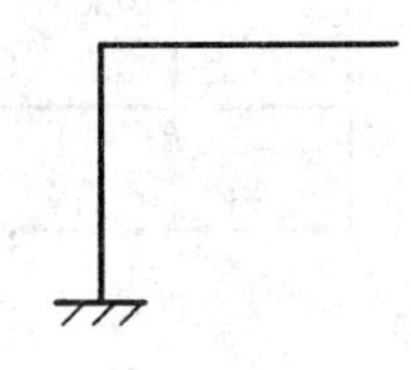

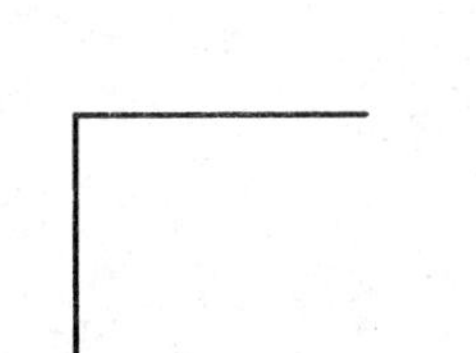

4-14．图示刚架 EI=常数，求 Δ_{BH}。

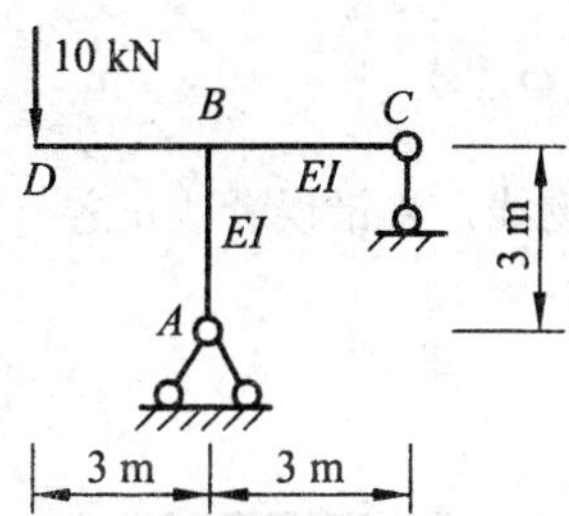

4-15．下列各小题中两弯矩图的图乘按公式

$$\int_l \frac{\overline{M} \cdot M_P}{EI} \mathrm{d}x = \frac{1}{EI}(\omega_1 y_1 + \omega_2 y_2)$$

计算，其中曲线图形为标准抛物线，将错误者改正之。

更正：

（a）

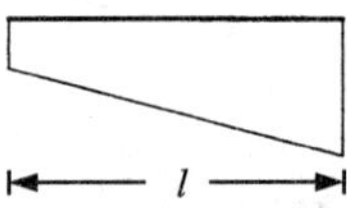

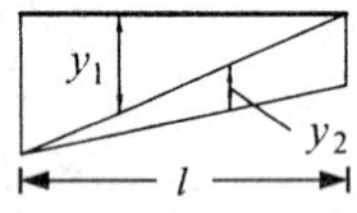

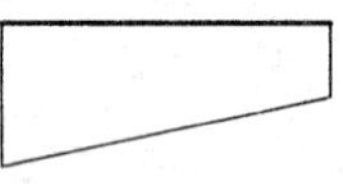

（b）

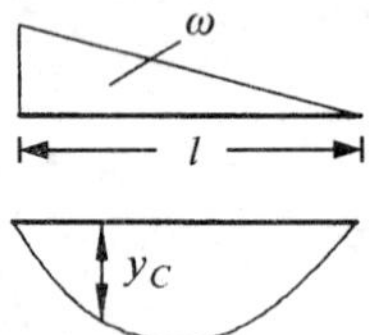

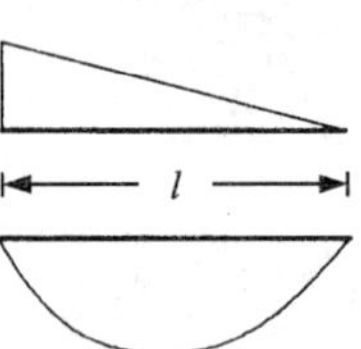

（c）

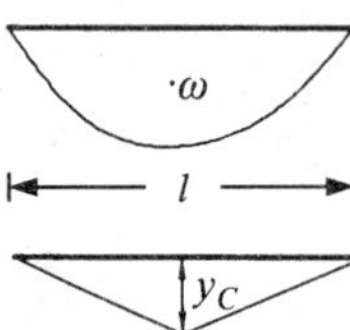

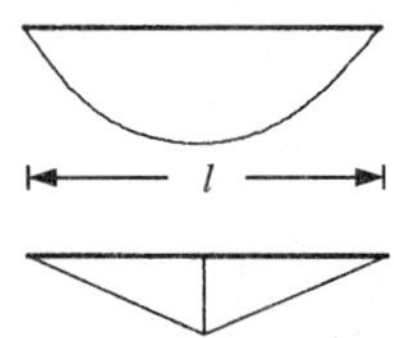

4-16．图示梁EI=常数，试用图乘法求 Δ_{CV}。

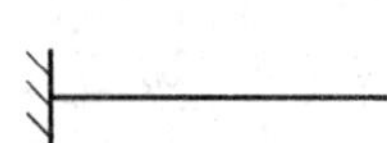

4-17．将下面两图相乘，试计算y_1。

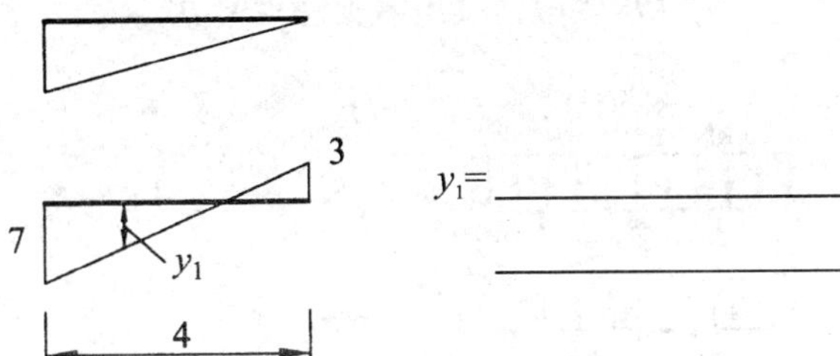

y_1=____________

____

4-18．图示刚架EI=常数，试用图乘法求 Δ_{BH}，若E=200 GPa，I=2.0×10^7 mm^4，求 Δ_{BH}的值。

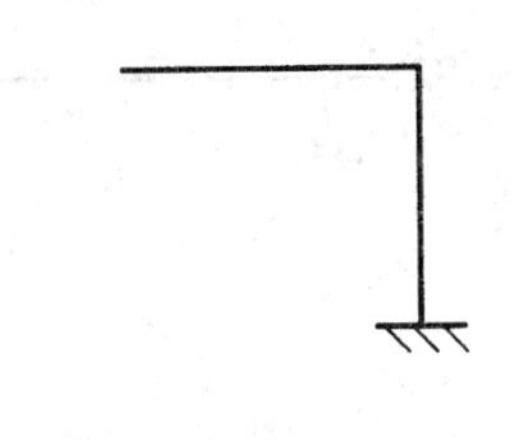

4-19．试计算下列M图的面积。

（1）

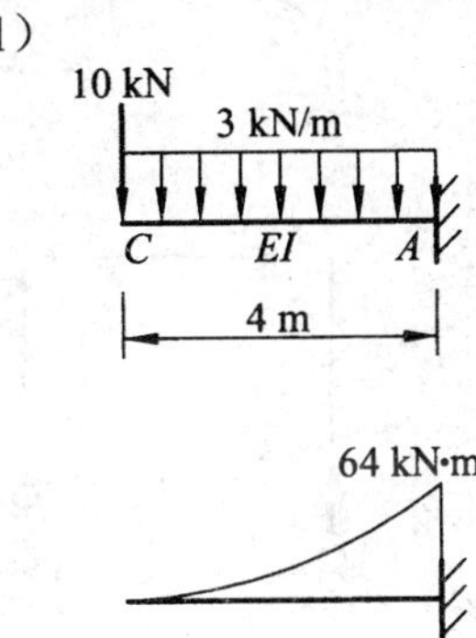

（2）

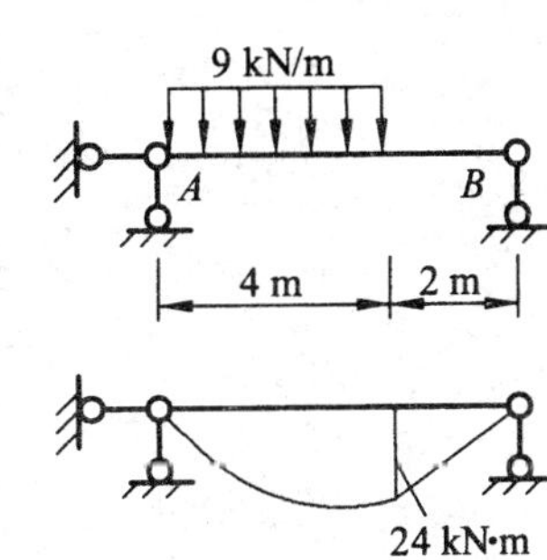

4-20．图示刚架EI=常数，试用图乘法求 Δ_{A-D}，若$EI=5\times10^6\ \mathrm{kN\cdot m^2}$，求 Δ_{A-D}之值。

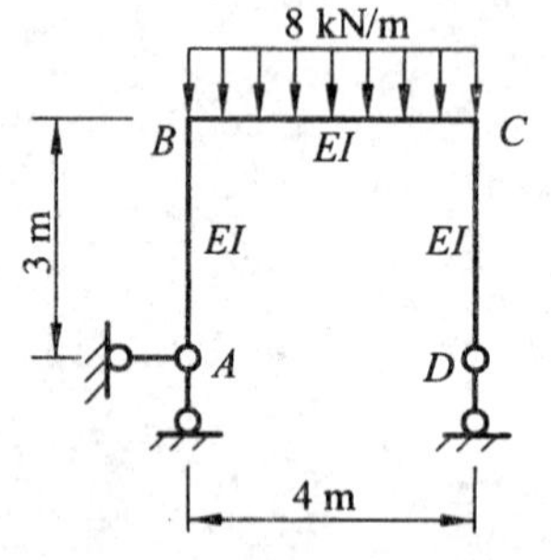

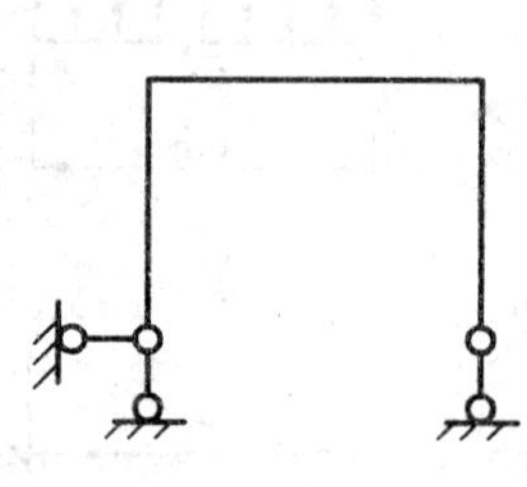

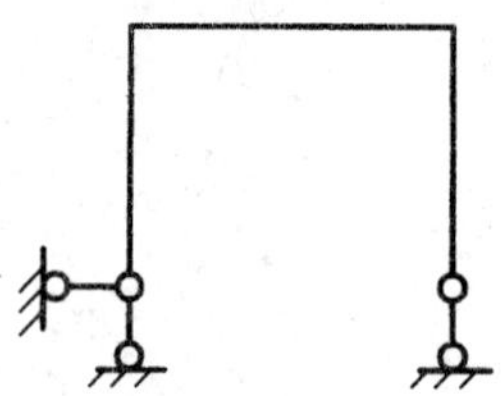

4-21．（1）计算M_P图面积，并确定该面积的形心位置；

（2）已知梁EI=常数，试用图乘法求梁 θ_B。

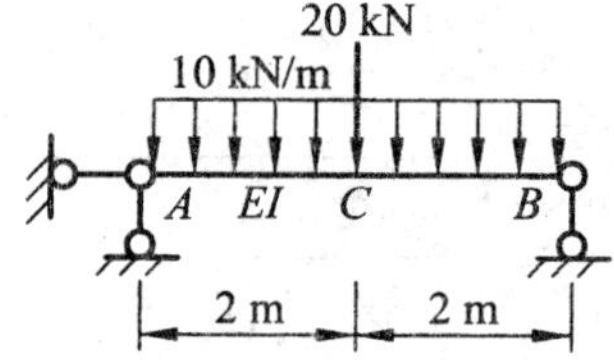

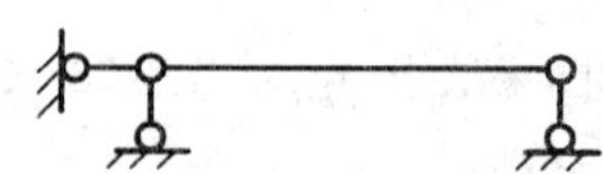

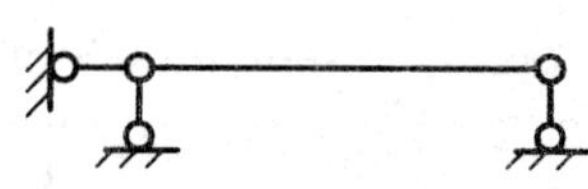

4-22. 图示刚架EI=常数，试用图乘法求θ_A。

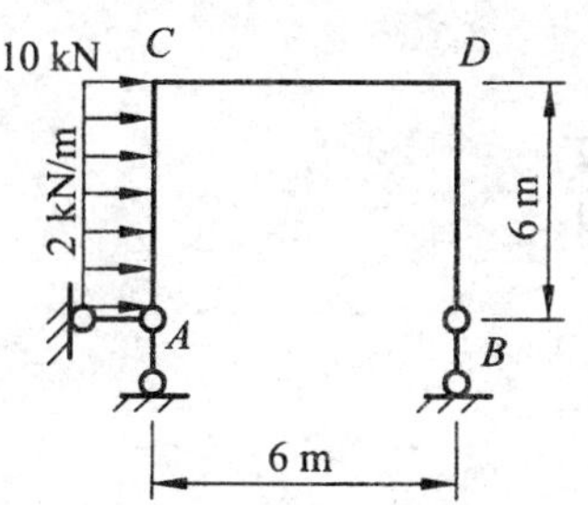

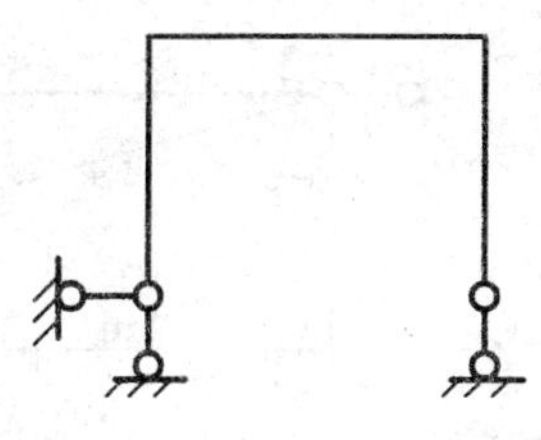

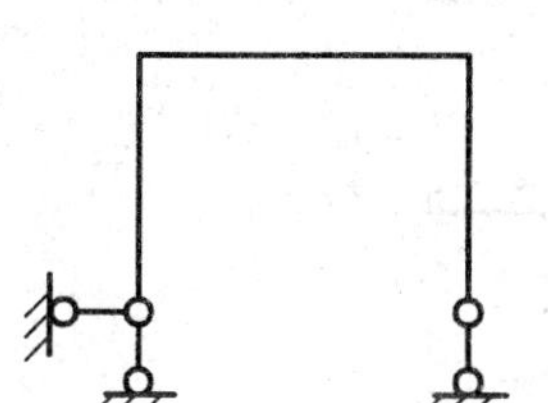

4-23. 图示刚架EI=常数，求Δ_{CV}。

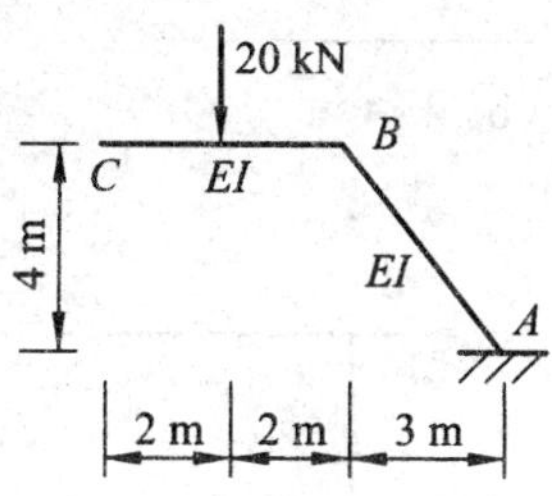

4-24．设图（a）为位移状态，支座发生位移后，试写出外力虚功表达式T_{ki}=________________。

（a）

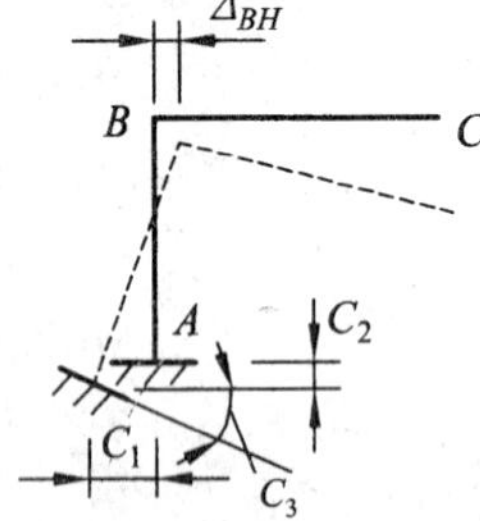

（b）

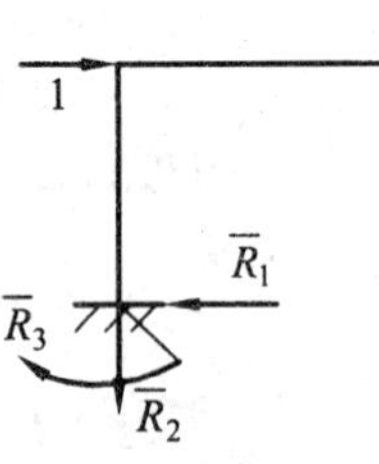

4-25．图示悬臂梁A端发生转角位移θ_A=0. 01 rad，求由此引起的B端位移Δ_{BV}。

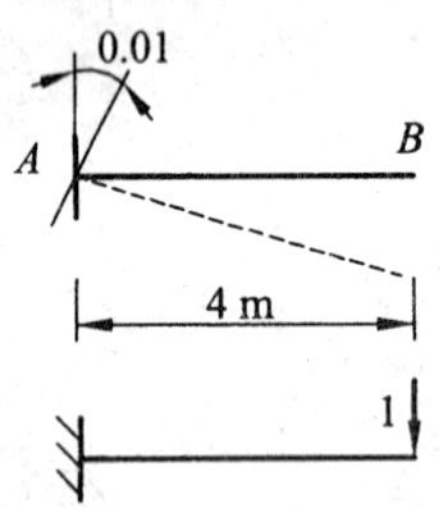

4-26．图示梁B支座发生竖向位移Δ_{BV}=2 cm，试求由此引起的A端转角θ_A。

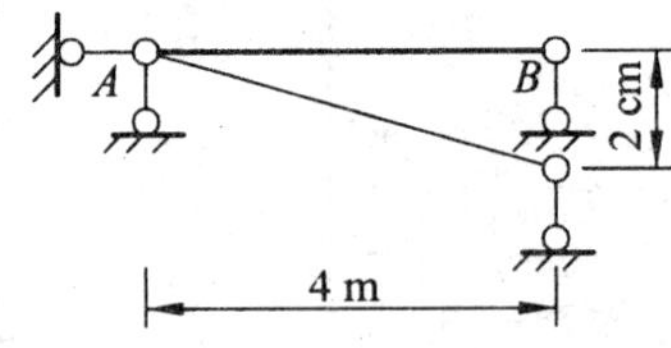

4-27．就图示同一结构的两种状态，标出变形后互等的位移。

（a）

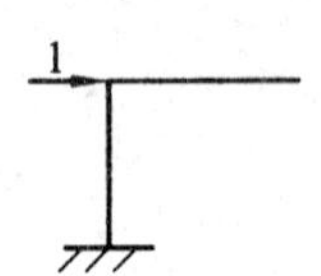

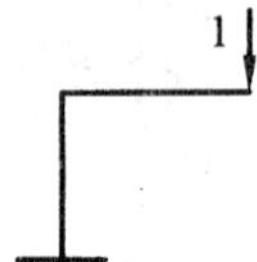

（b）

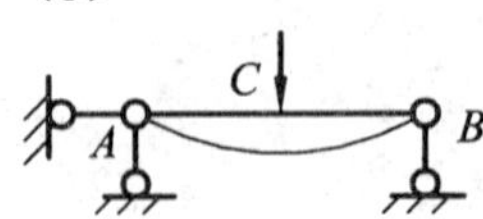

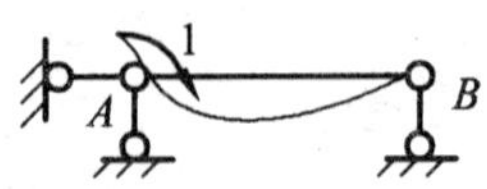

4-28. 已知图示桁架，各杆材料的E=2. 1×10^5 MPa，各杆截面积A=1200 mm^2，试求 Δ_{DV}。[答案：Δ_{DV}=383.6/EA=1.52 mm（↓）]

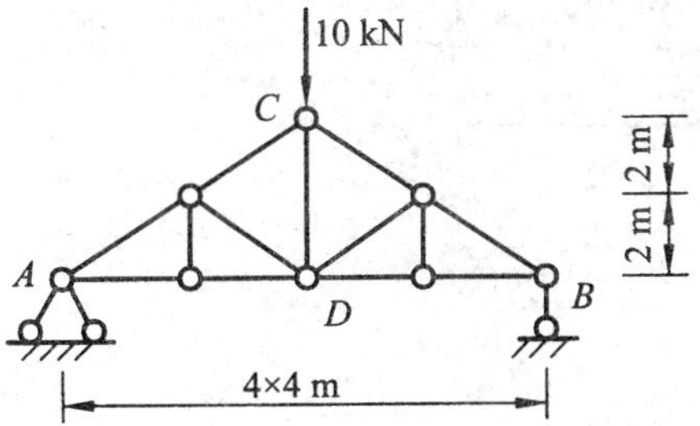

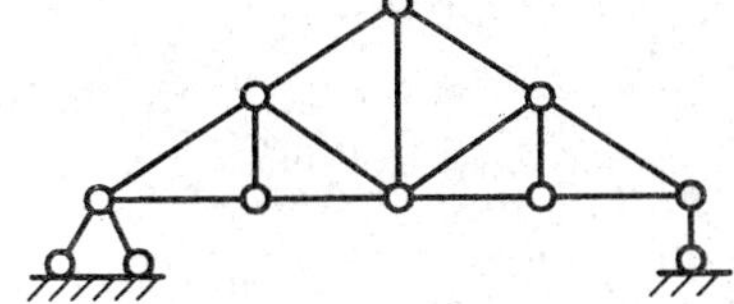

4-29．图示结构EI=常数，试用图乘法：

（1）求Δ_{CV}

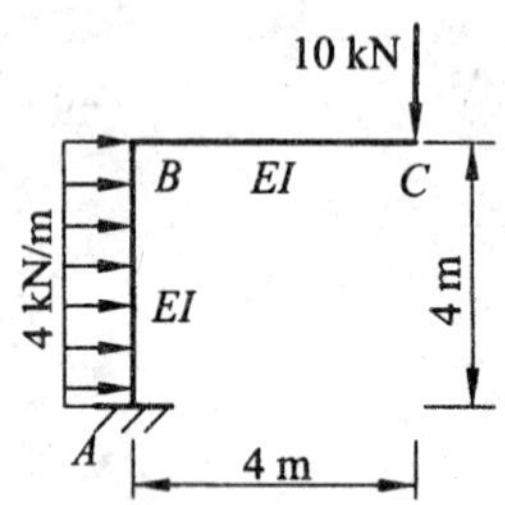

（2）求Δ_{CV}

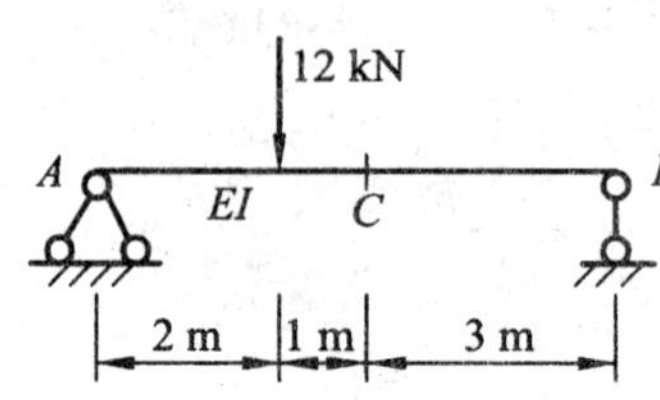

班级__________ 姓名__________ 学号__________

（3）求 $\Delta_{D\text{-}H}$

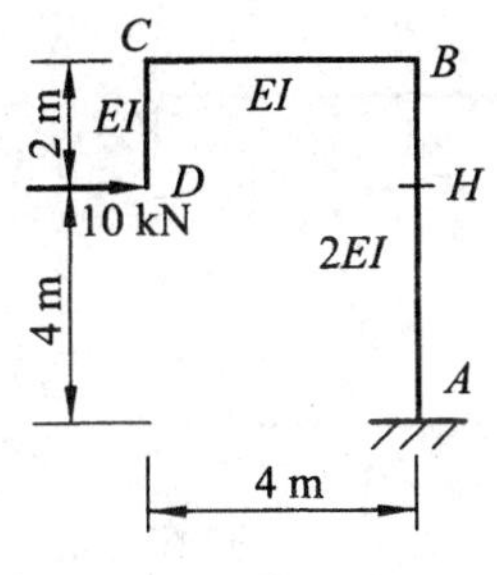

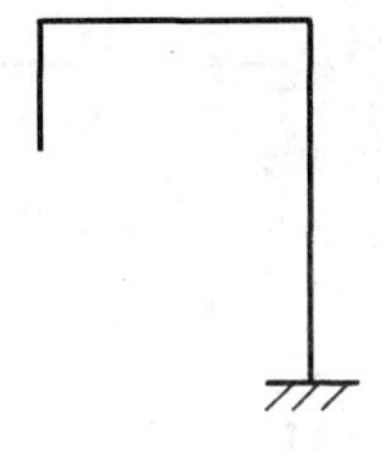

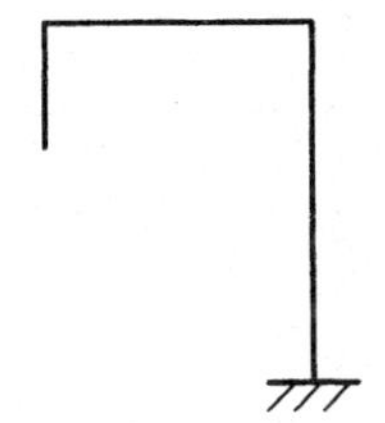

5-1. 判断图示结构的超静定次数。

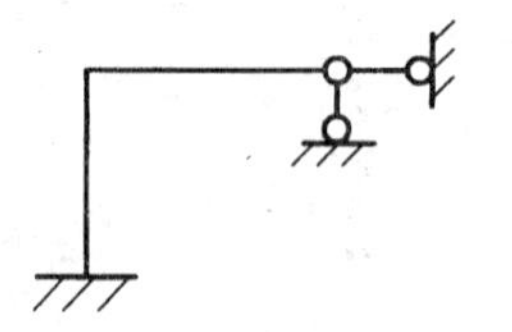

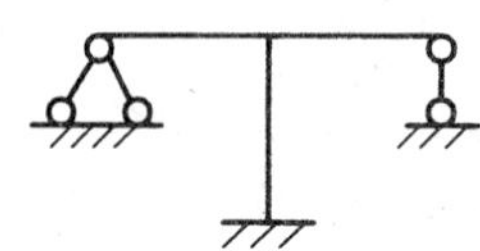

＿＿＿＿次超静定　　＿＿＿＿次超静定

5-2. 图示刚架的力法典型方程如下。

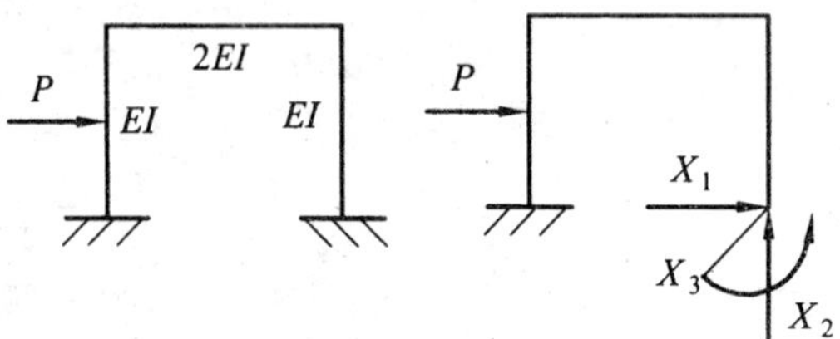

$$\delta_{11}\cdot X_1+\delta_{12}\cdot X_2+\delta_{13}\cdot X_3+\Delta_{1P}=0$$
$$\delta_{21}\cdot X_1+\delta_{22}\cdot X_2+\delta_{23}\cdot X_3+\Delta_{2P}=0$$
$$\delta_{31}\cdot X_1+\delta_{32}\cdot X_2+\delta_{33}\cdot X_3+\Delta_{3P}=0$$

（1） $\overline{X}=1$单独作用于本结构时，沿X_1方向的位移，应是指系数＿＿＿＿＿＿。

（2） 典型方程中互等的系数有＿＿＿＿＿＿＿＿。

5-3. 试用力法求图示梁的多余未知力X_1。（EI=常数）

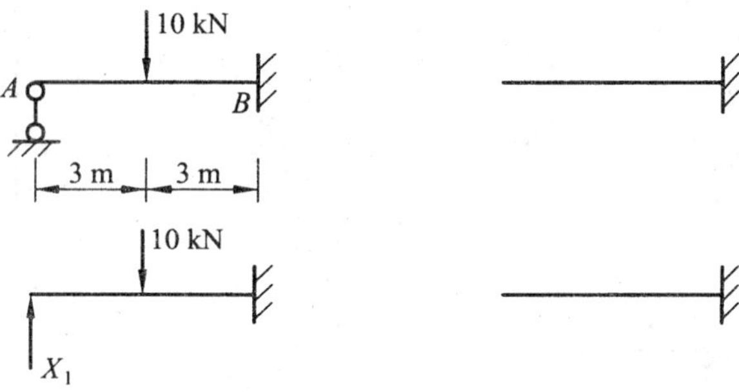

相应结构

5-4．图示梁EI=常数，试用力法计算多余未知力，并绘M图。

相应结构

5-5．用力法求图示梁的多余未知力X_1。（EI=常数）

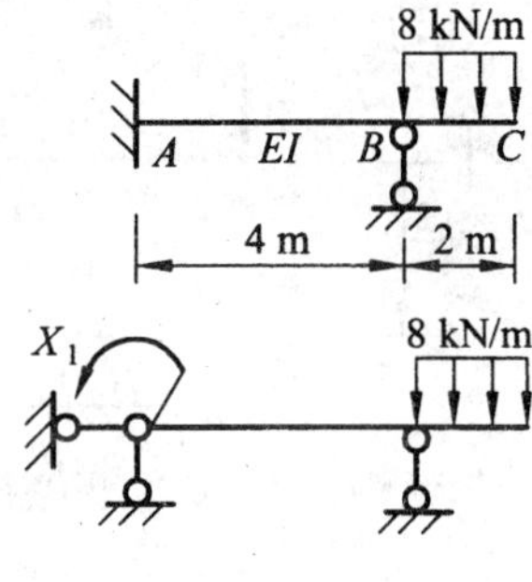

相应结构

5-6．试用力法求图示结构多余未知力X_1。（EI=常数）

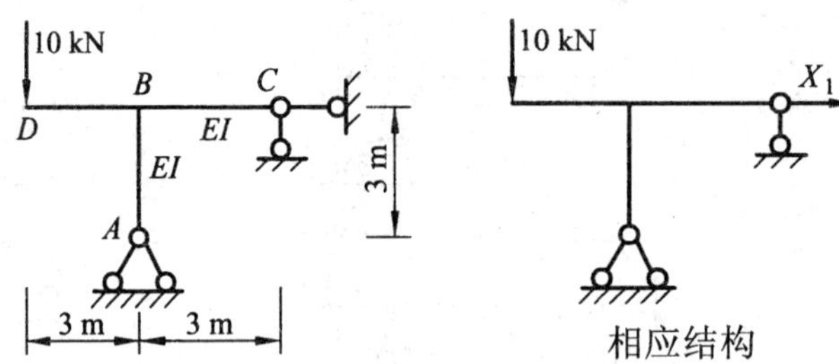

5-7．用力法计算图示刚架，并绘M图。（EI=常数）

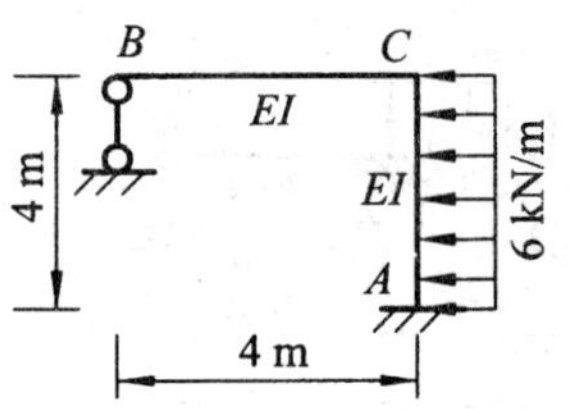

5-8．试用力法求图示桁架多余未知力。各杆EA=常数。

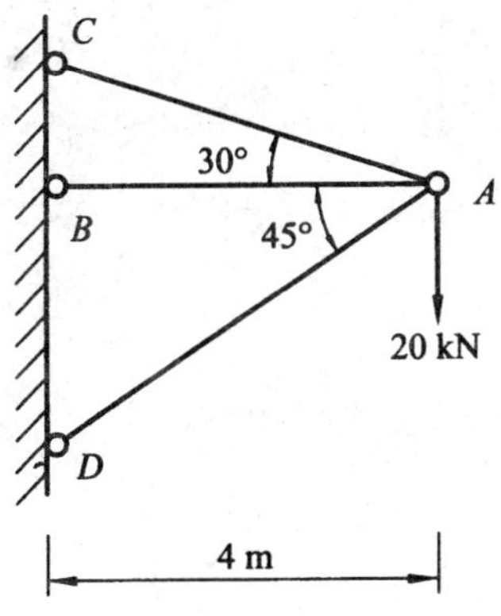

5-9．试用力法求图示桁架多余未知力。各杆EA=常数。

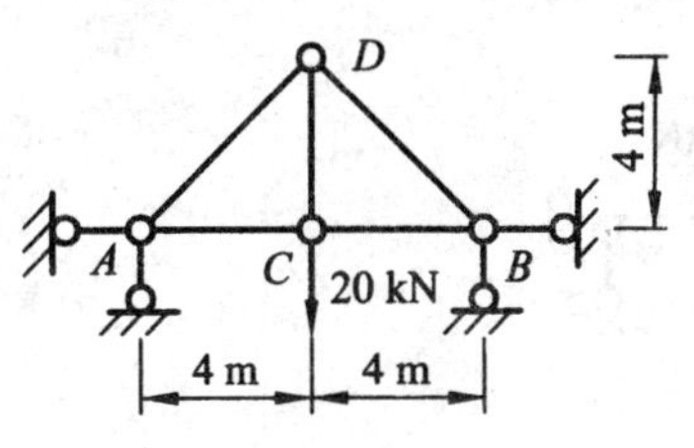

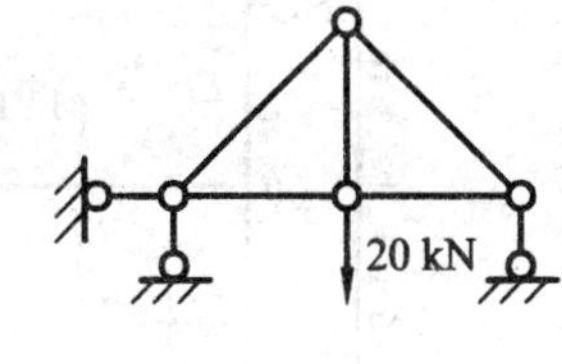

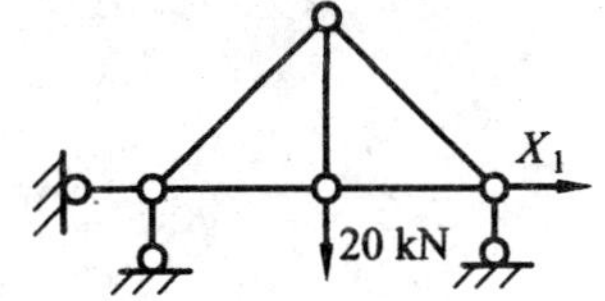

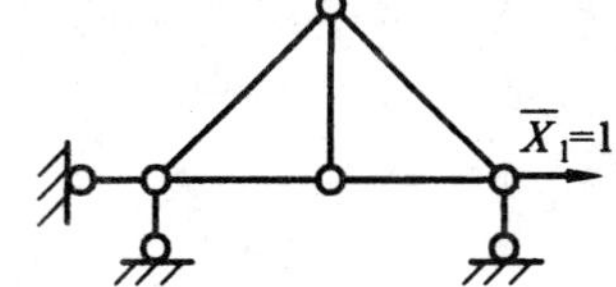

相应结构

5-10．图示刚架EI=常数，试用力法求多余未知力。

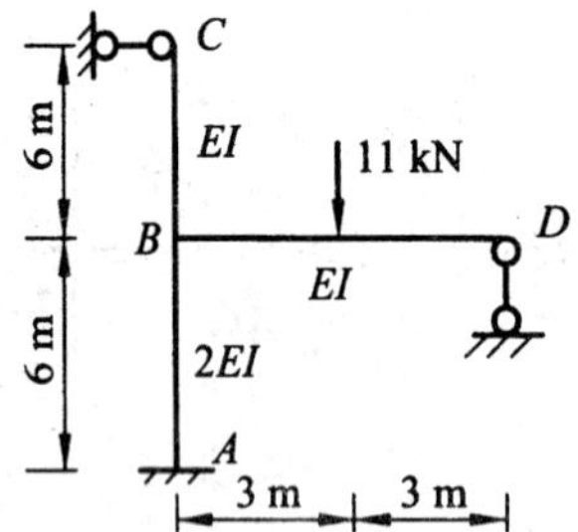

5-11．图示刚架EI=常数，试用力法求多余未知力。

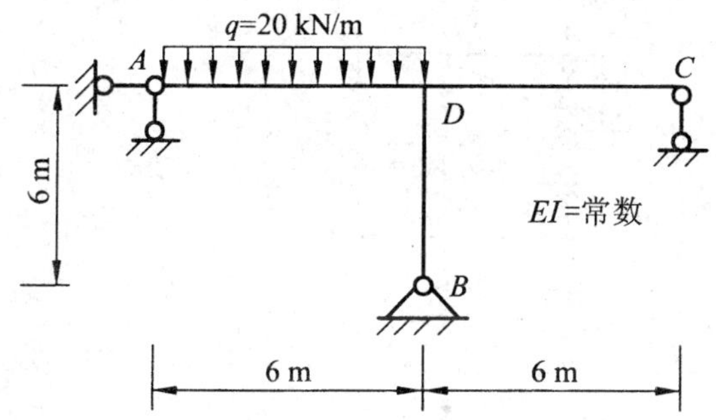

5-12. 图示梁EI=常数，当B端发生转角 θ_B时，求由此引起的多余未知力X_1。（X_1按剪力正方向假设）

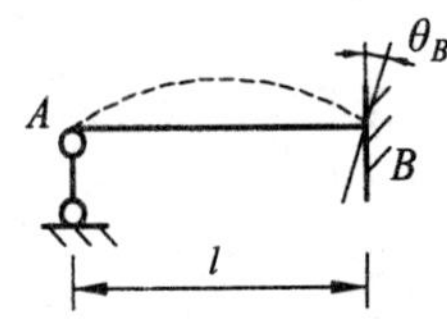

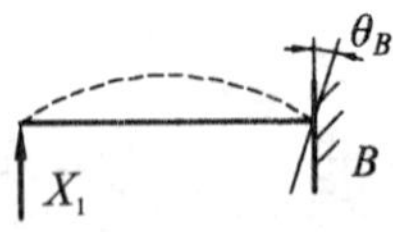

相应结构

*5-13. 图示梁EI=常数，试用力法求多余未知力，并作M图。

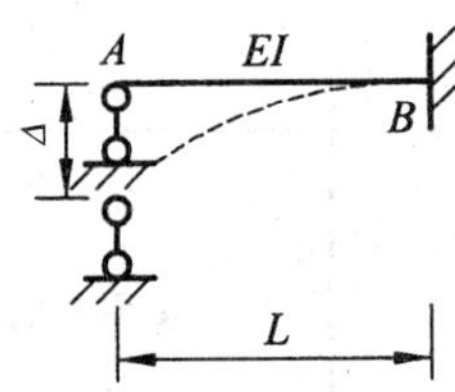

5-14．撤除下列超静定结构的多余约束，作出其相应结构。

（1）

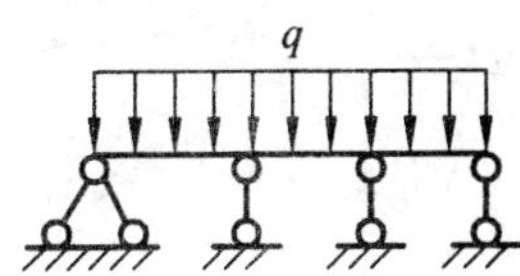

（2）

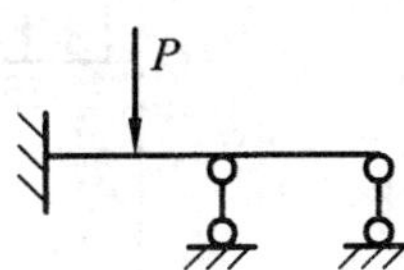

5-15．选作下列原结构的相应结构。

（1）

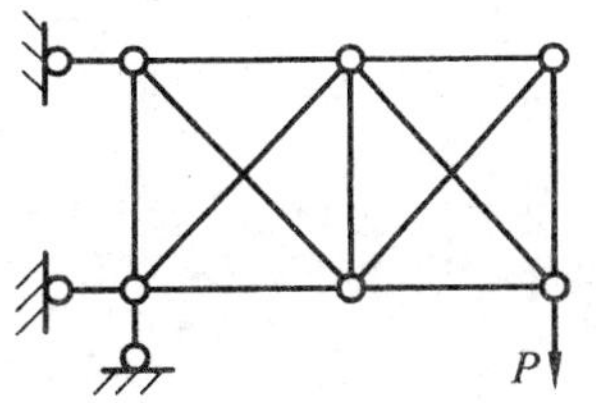

（2）

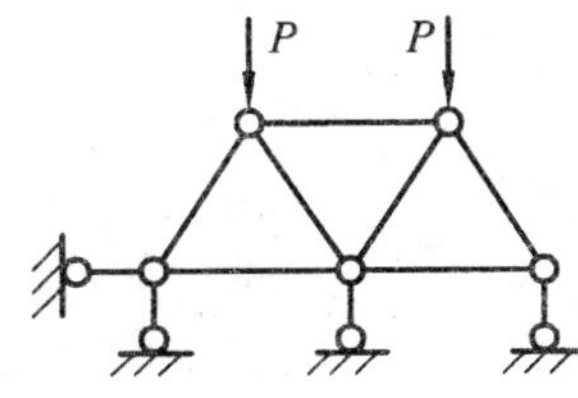

5-16．作出图示结构的两种相应结构。

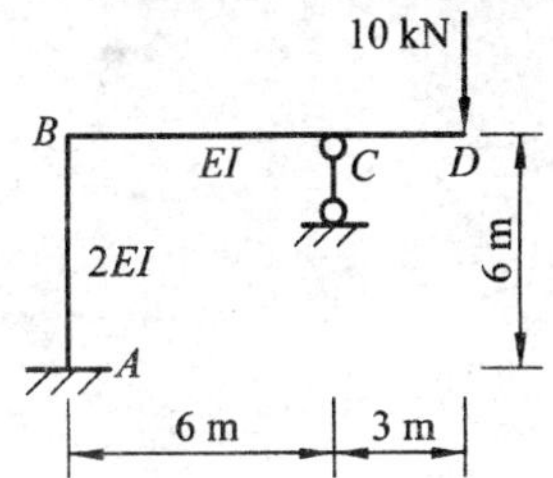

5-17．图示（a）、（b）、（c）哪一种能作为相应结构？将能作为相应结构的补充画完整。

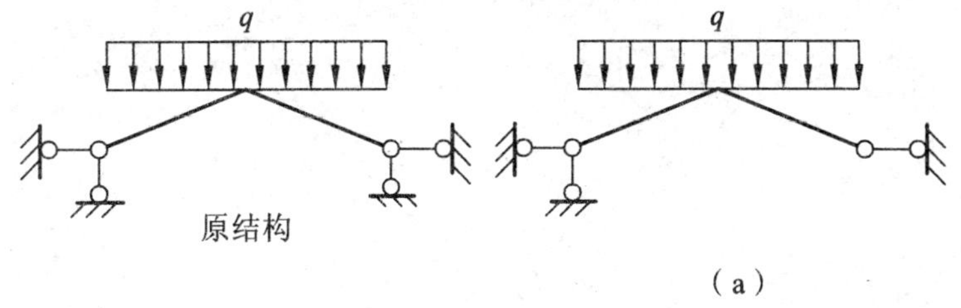

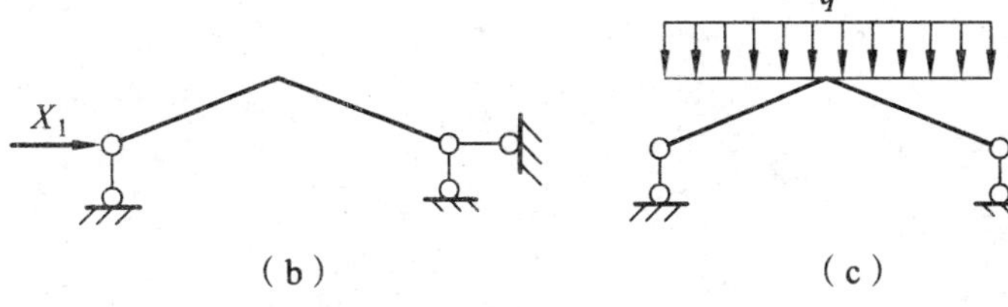

 班级__________ 姓名__________ 学号__________

5-18．用力法求图示超静定梁多余未知力X_1。

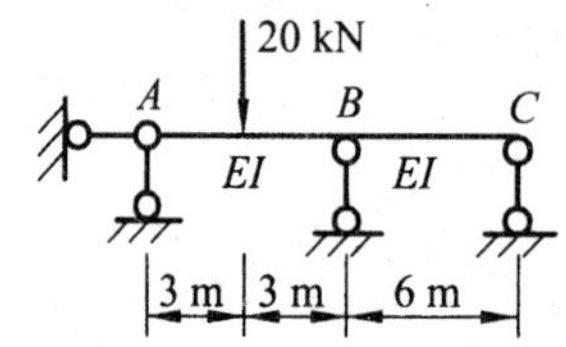

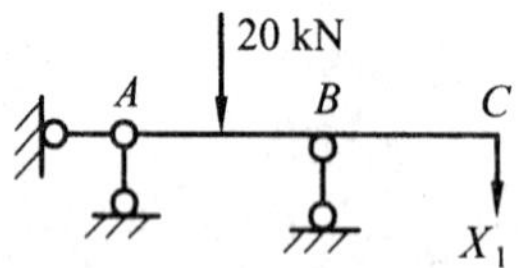

相应结构

5-19．用力法计算图示刚架，并绘弯矩图，EI=常数。

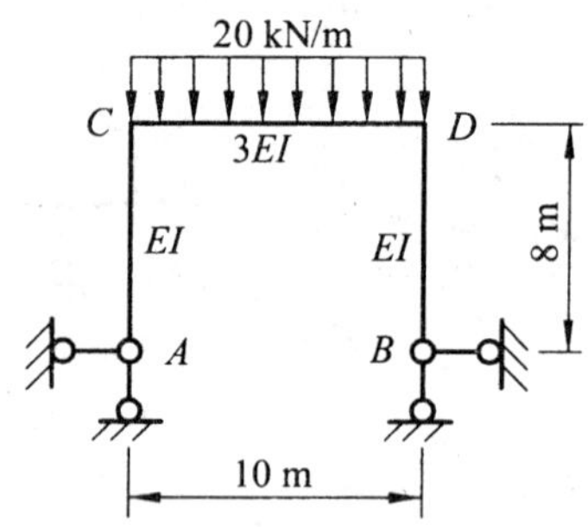

5-20．用力法求图示超静定梁多余未知力，并作M图。

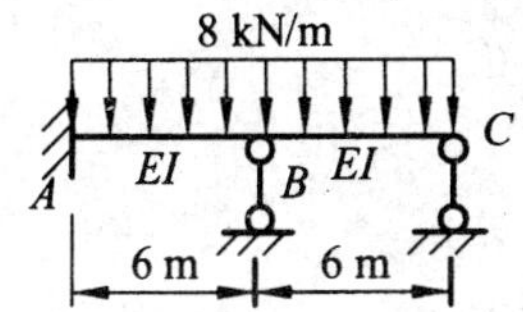

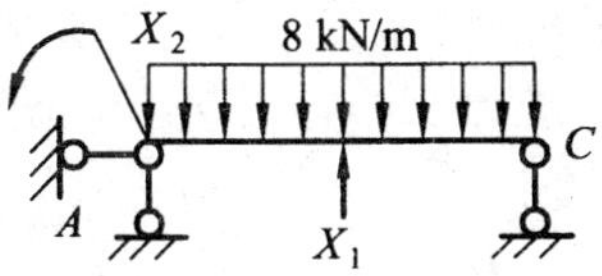

相应结构

5-21．图示刚架EI=常数，试用力法求多余未知力，并作M图。

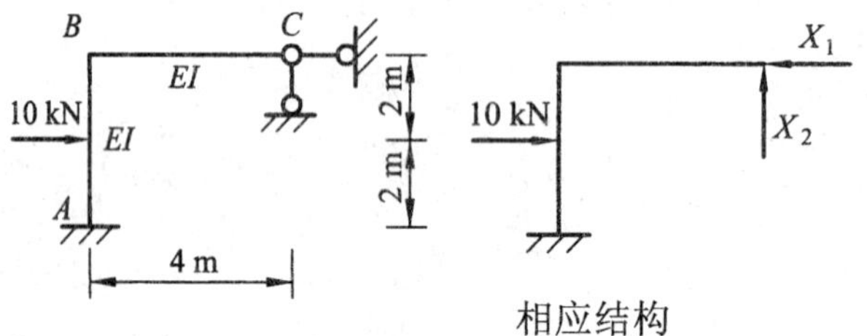

相应结构

5-22. 图示刚架EI=常数，试用力法求多余未知力。

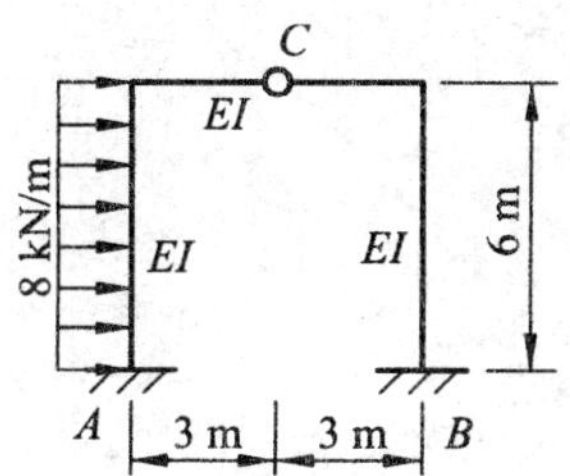

班级__________ 姓名__________ 学号__________

5-23. 试用力法求图示超静定桁架多余未知力N_{CD}。各杆EI=常数。

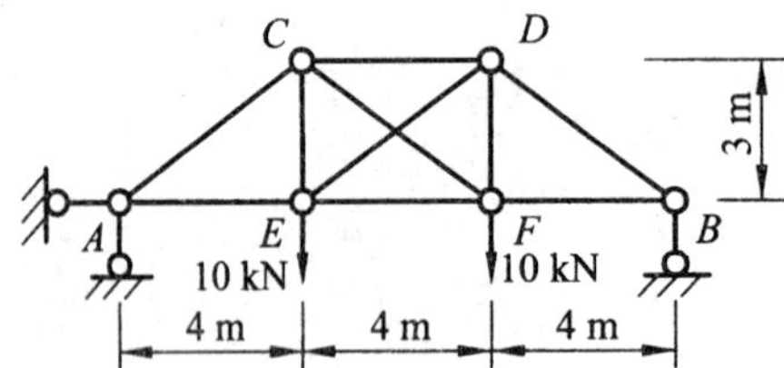

6-1．根据图示梁上杆端和支座弯矩，在等式方框内填“+”、“-”。

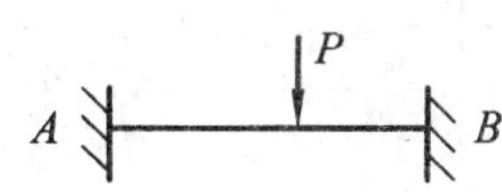

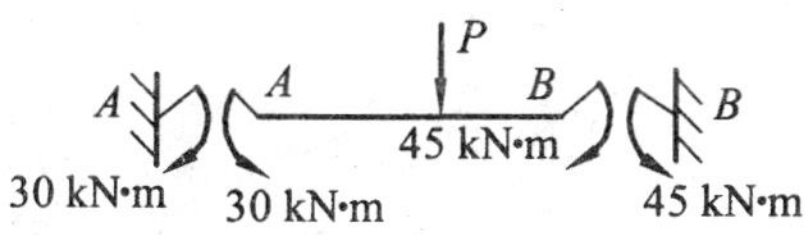

M_{AB}=□30 kN·m

M_{BA}=□45 kN·m

6-2．画出图示梁的变形曲线后，用查表法求下列杆端截面的弯矩。

（1）

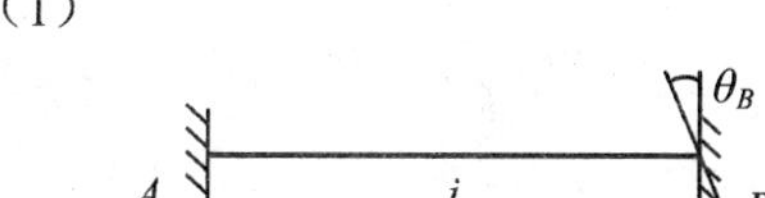

M_{AB}=

M_{BA}=

（2）

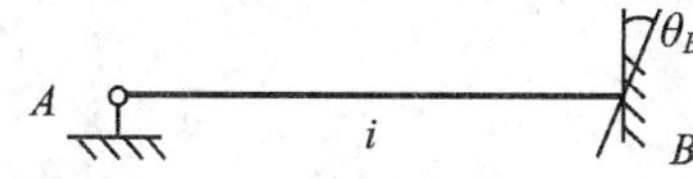

M_{AB}=

M_{BA}=

（3）

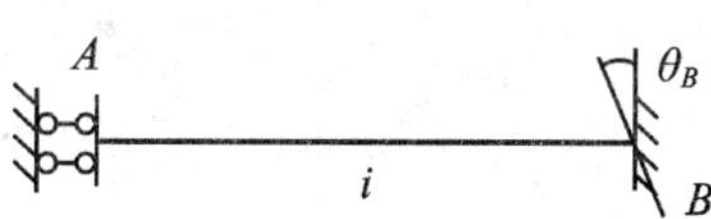

M_{AB}=

M_{BA}=

6–3．画出图示梁的变形曲线后，用查表法求下列杆端截面的弯矩。

（1）

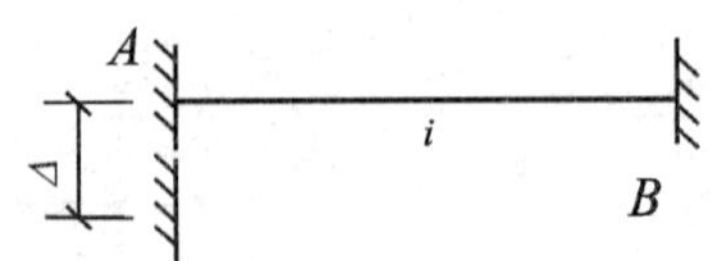

$M_{AB}=$

$M_{BA}=$

（2）

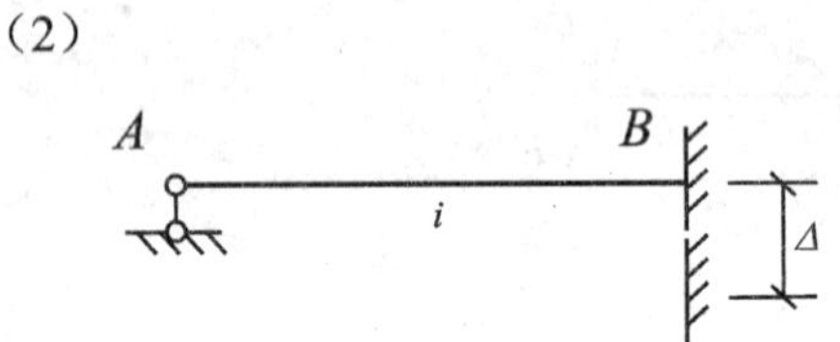

$M_{AB}=$

$M_{BA}=$

（3）

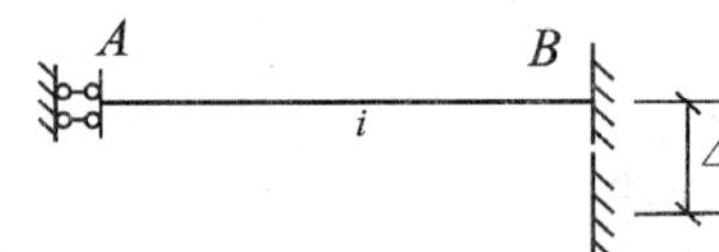

$M_{AB}=$

$M_{BA}=$

6–4．查表写出图示梁杆端弯矩和剪力值。

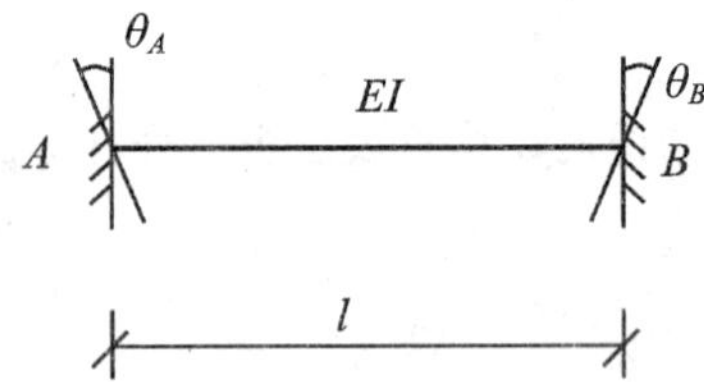

6-5. 查表写出图示梁杆端弯矩和剪力值。

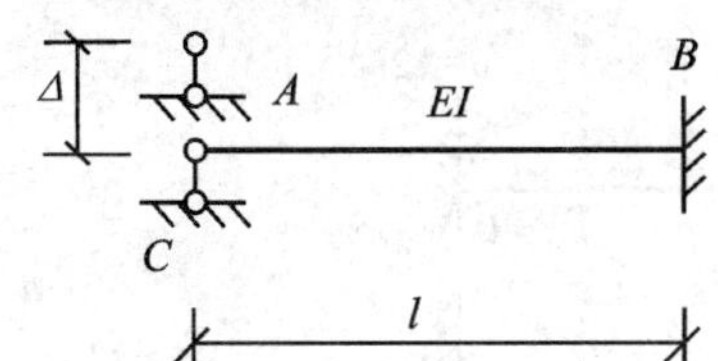

(2)

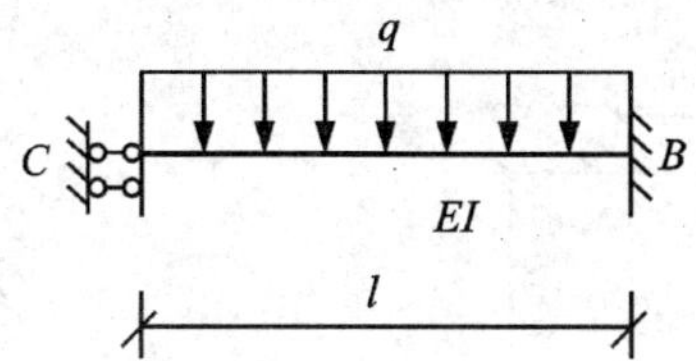

6-6. 画出图示梁的变形曲线后，用查表法求下列杆端截面的弯矩。

(1)

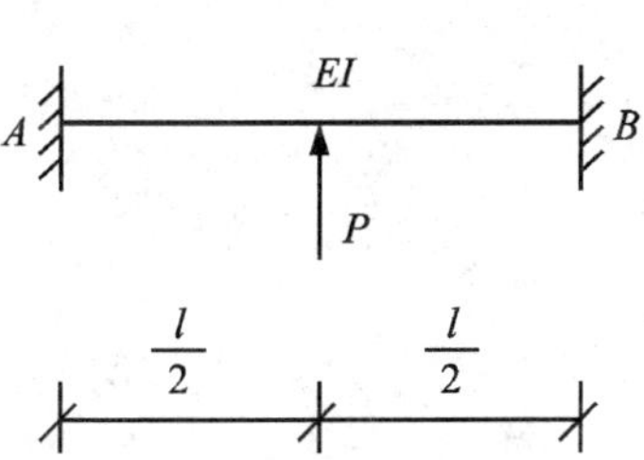

(3)

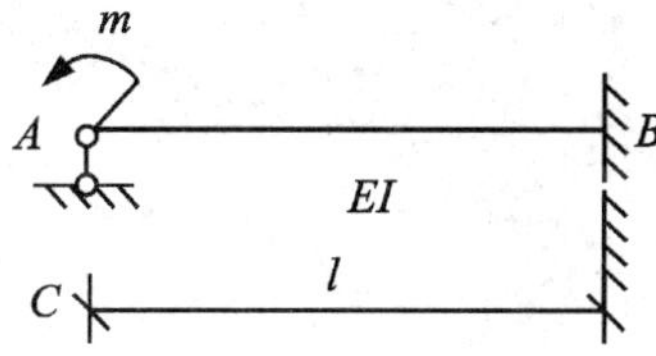

6-7. 查表写出图示梁杆端弯矩值和剪力值。

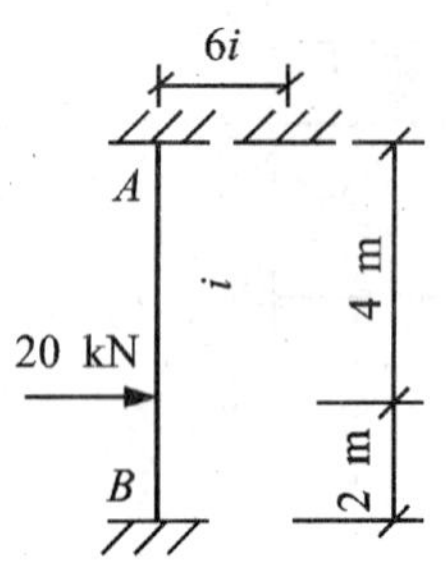

6-8. 查表写出图示梁杆端弯矩值和剪力值。

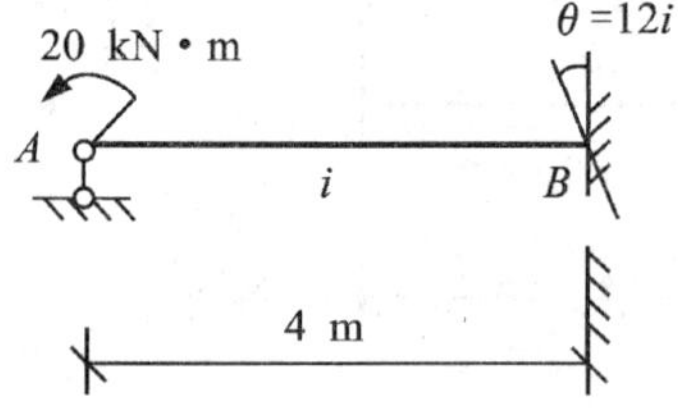

7-1. ①离散结构成单跨超静定梁，②计算分配系数，③将 6 kN・m弯矩分配给各杆A端。（EI=常数）

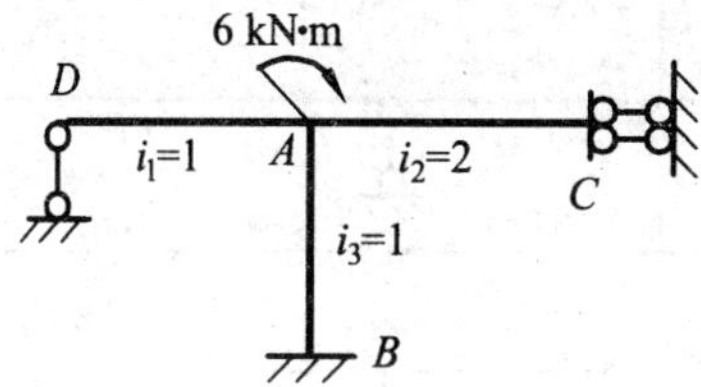

7-2．①离散结构成单跨超静定梁，②计算分配系数，③将21 kN·m弯矩分配给各杆A端，④作M图。（EI=常数）

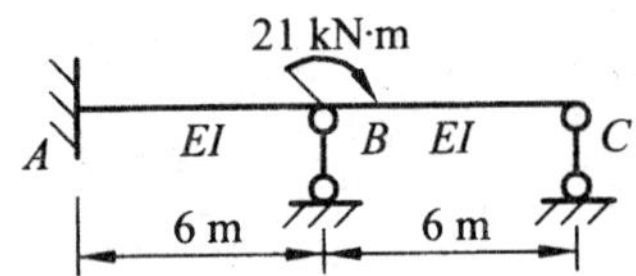

7-3．用力矩分配法求图示连续梁的杆端弯矩，作M图。

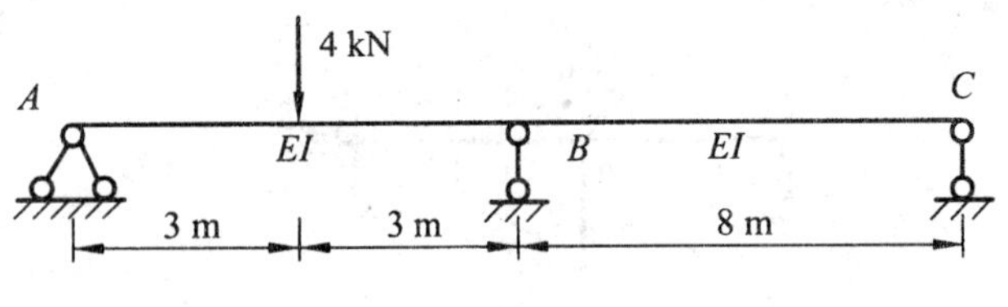

μ		
M^F		
M^μ		
M^C		
M		

7-4．用力矩分配法计算图示连续梁，作M图。

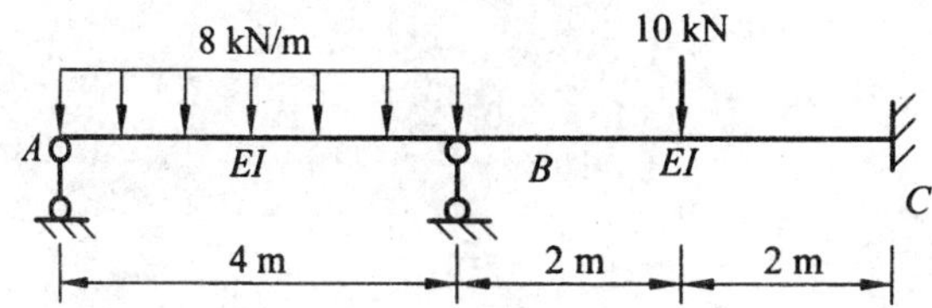

7-5．用力矩分配法作图示刚架弯矩图。

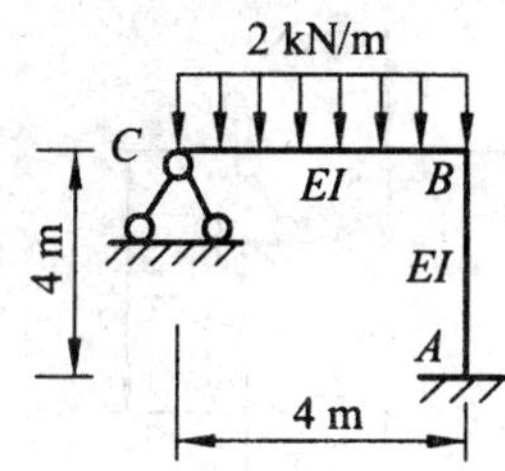

7-6．用力矩分配法计算图示刚架，作M图。

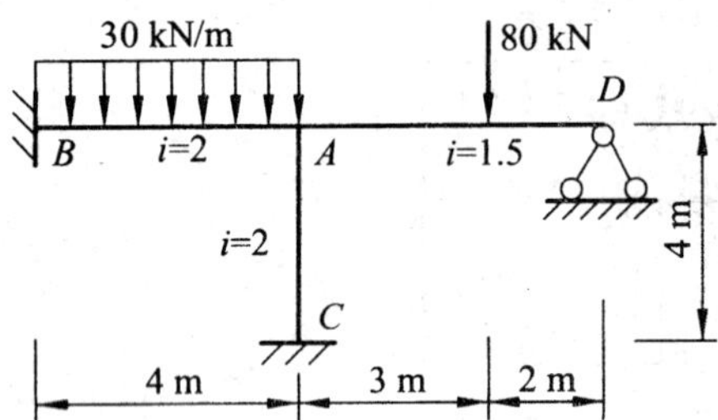

7-7．用力矩分配法计算图示梁，作M图、V图。

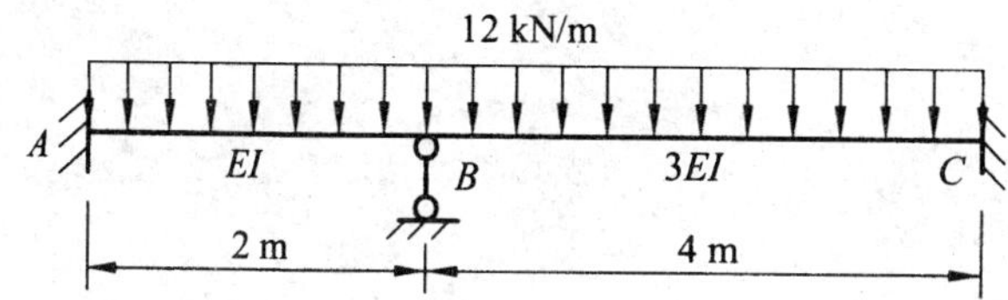

7-8．用力矩分配法计算图示刚架，作M图。(EI=常数)

图（b）为图（a）处理后的情况。

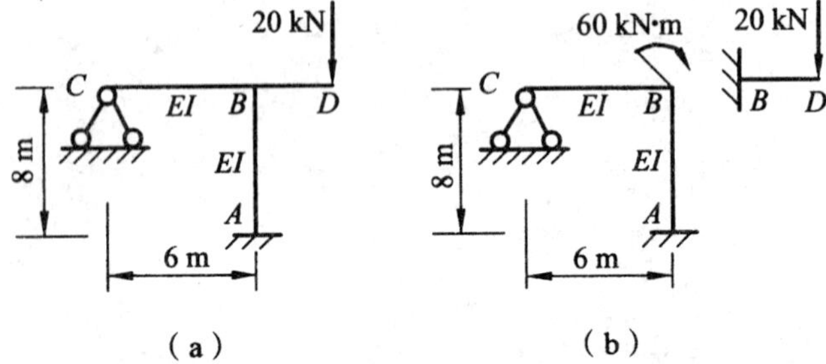

8-1．图示M_C影响线图中，竖标h的物理意义是在单位力P=1作用下_________。

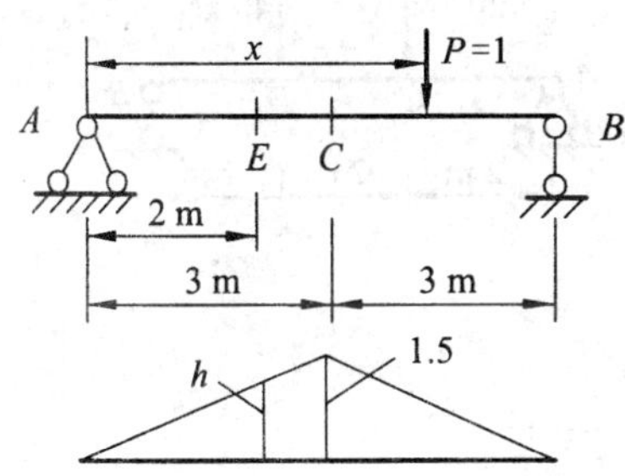

a．E截面弯矩值

b．当P=1移动到E处时C截面弯矩值

c．距A为x的截面弯矩值

8-2．梁的影响线的形状和数值与_________有关。

a．梁上作用的荷载情况

b．截面所在位置及梁的长度

c．单位力的位置

8-3．影响线是指当一个指向不变的单位荷载沿结构移动时，

____

____。

8-4．作图示简支梁M_C和V_C的影响线需要分段的原因是_____。

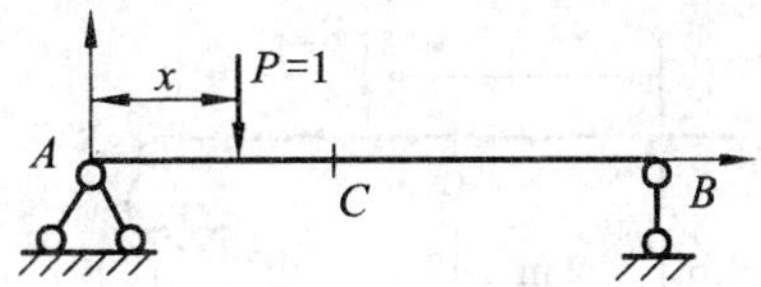

a．P=1经过C截面时，C截面有内力发生突变

b．凡作影响线都要分段

c．为了简便

8-5．画出图示简支梁的R_A、M_C和V_C影响线。

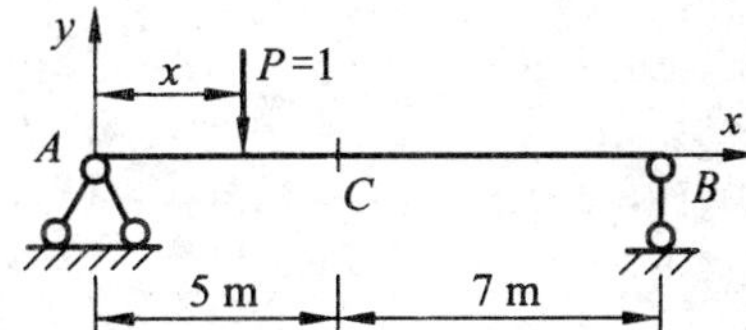

8-6．画出图示外伸梁M_D、R_B、V_c、M_C影响线。

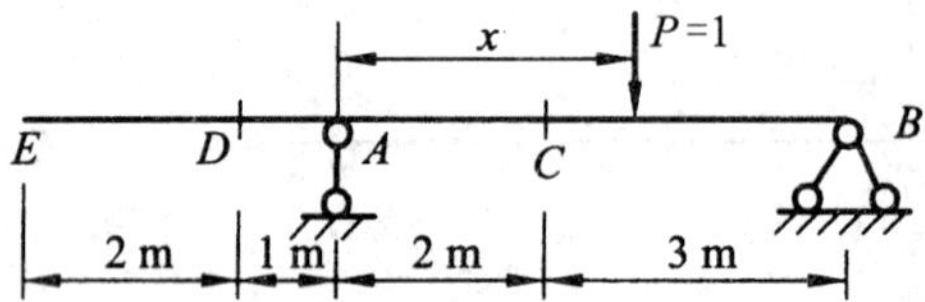

8-7．试利用影响线计算图示固定荷载作用下B支座反力和D截面弯矩。

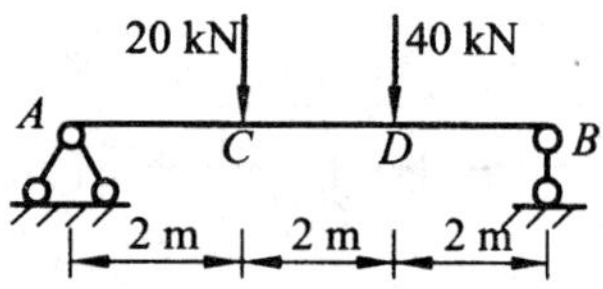

8-8. 试利用影响线计算图示固定荷载作用下D截面的弯矩和剪力。

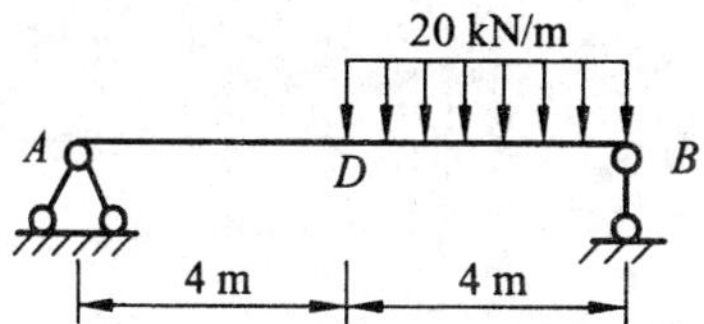

8-9. 图示梁受固定荷载P=10 kN作用，（1）试用截面法取脱离体求C左截面剪力$V_{C左}$之值；（2）利用影响线求$V_{C左}$之值。

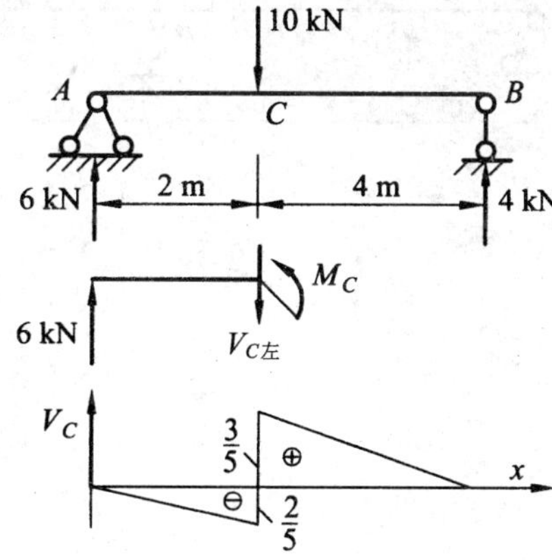

8-10．利用影响线求图示固定荷载作用下M_C、$V_{C左}$和$V_{C右}$的值。

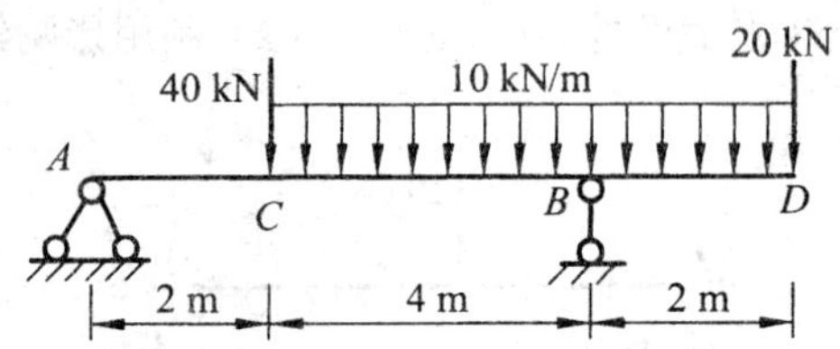

8-11．对梁最不利荷载位置的下列名词各有两种解释，在你认为正确的后面记“√”。

（1）最不利荷载位置

a．使梁产生最危险情况的荷载位置。（　　）

b．使梁某截面产生最大内力的荷载位置。（　　）

（2）临界荷载

a．作用于梁上的最大集中力。（　　）

b．使梁某截面产生某种最大内力时，对应于影响线顶点的集中力。（　　）

（3）临界荷载位置

a．临界荷载所在处就是临界荷载位置。（　　）

b．使梁某截面产生最大内力时，对应的所有荷载位置。（　　）

8-12．图示梁受汽车-10级荷载作用，试判断C截面临界荷载P_k。

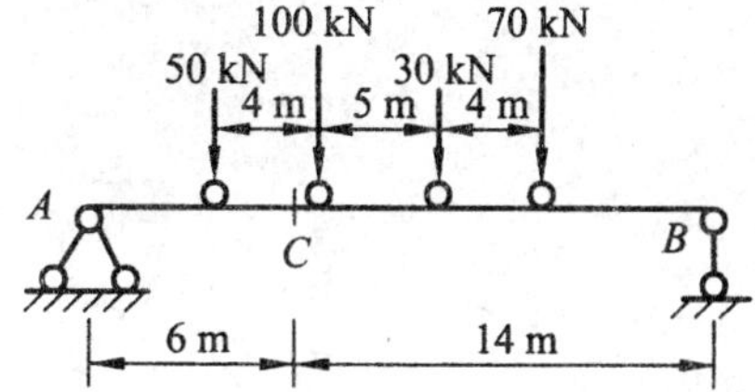

考虑调头：

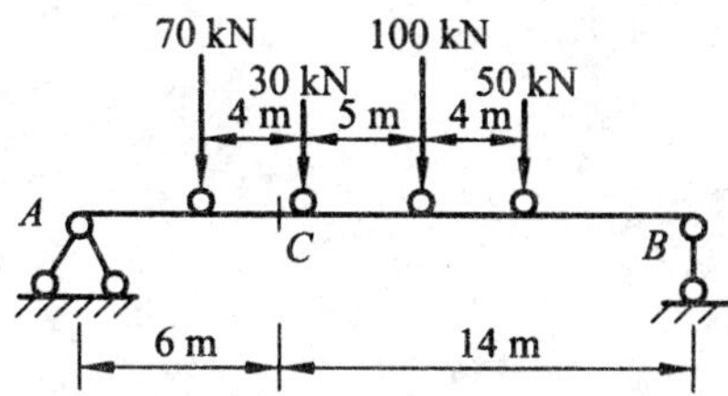

8-13．简支梁及移动荷载如图，试计算M_{Cmax}。（考虑调头）

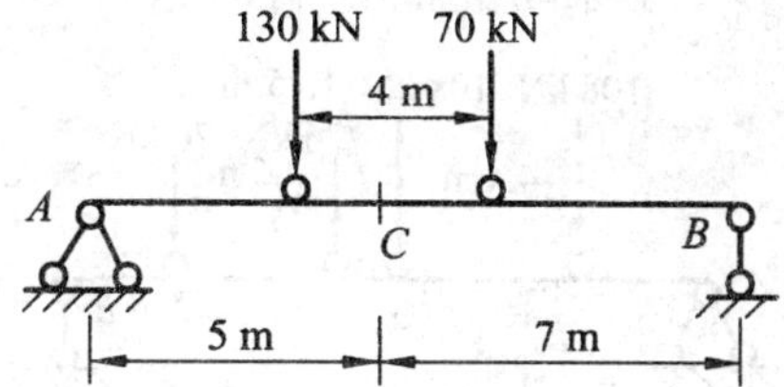

8-14. 两台吊车如图所示，试求吊车梁M_C的最不利荷载位置（即求P_k），并求$M_{C\max}$和$M_{C\min}$。

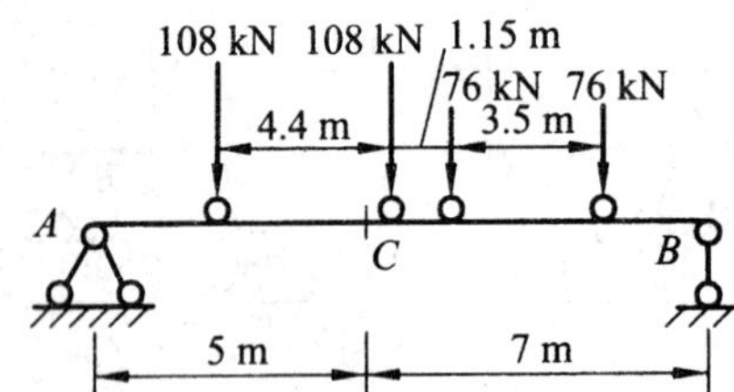

8-15. 试求简支梁在汽车-10级荷载作用下的$M_{C\max}$。

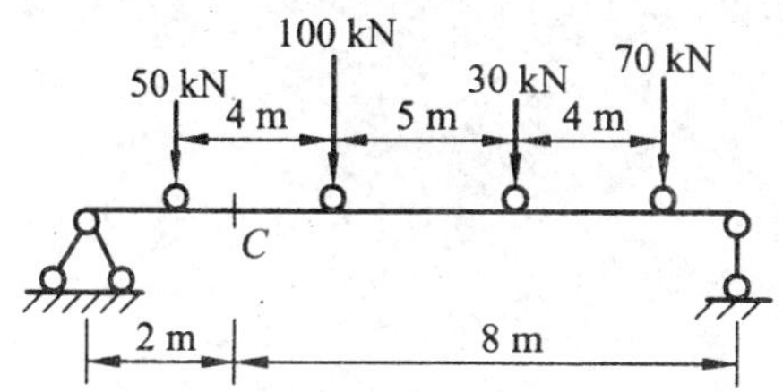

8-16. 弯矩包络图与弯矩图的区别是________。

a. 弯矩包络图是指移动荷载作用下的弯矩图

b. 弯矩包络图是包含移动荷载与固定荷载其同作用下各截面最大和最小弯矩的图形

c. 弯矩包络图是包含绝对最大弯矩的弯矩图。

8-17. 剪力包络图上某截面处的纵标是_______。

a. 该截面剪力的最大值

b. 该截面剪力的最大值和最小值

c. 该截面剪力的最小值。

8-18．已知外伸梁自重q_1=10 kN/m，可任意断续均布荷载p=20 kN/m，试求$M_{C\max}$和$V_{C\max}$。

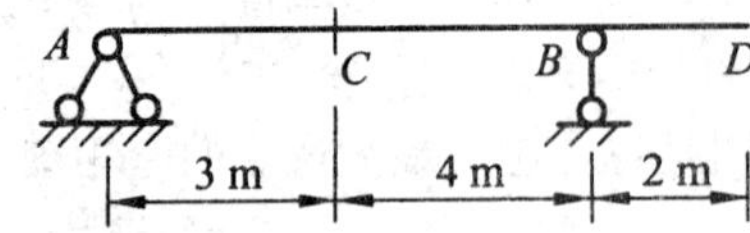

*8-19．作图示悬臂梁支座反力V_B、M_B，以及M_C、V_C的影响线。

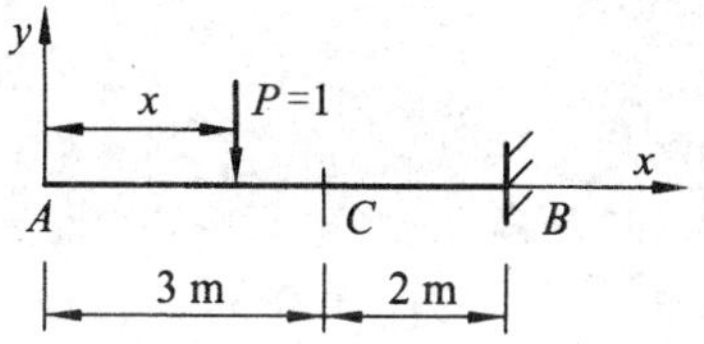

9-1．试作图示多跨静定梁的内力图。

[答案：M_C=-60 kN·m（上边受拉），$V_{C右}$=20 kN]

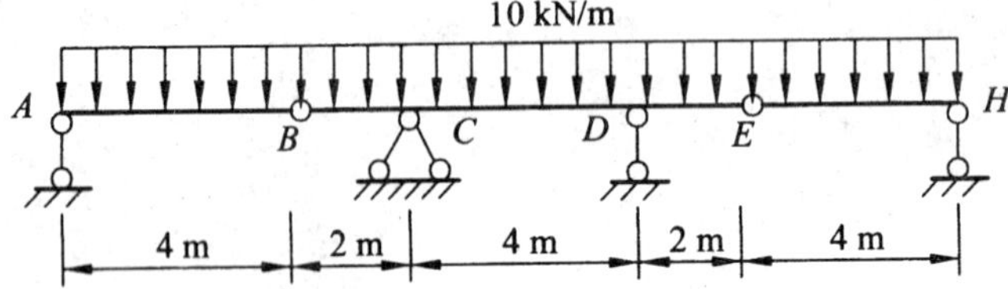

9-2．试作图示多跨静定梁的内力图。

（答案：M_D=−110/3 kN·m，$V_{D右}$=80/3 kN）

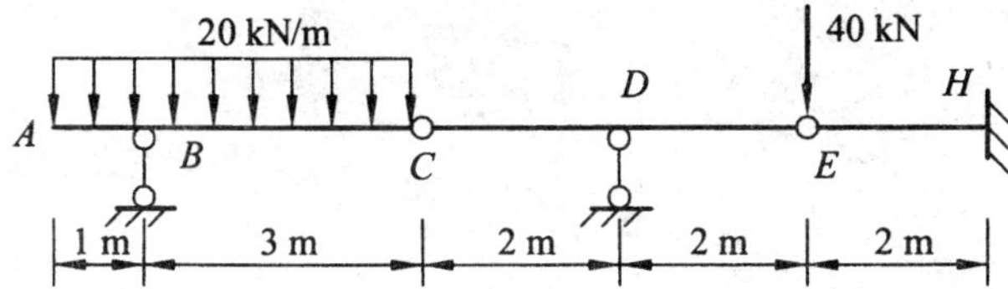

9-3．图示组合结构梁，*AB*梁的 EI=1400 kN·m^2，中间支承杆的 EA=2.65×10^5 kN，试求*CD*杆的轴力。

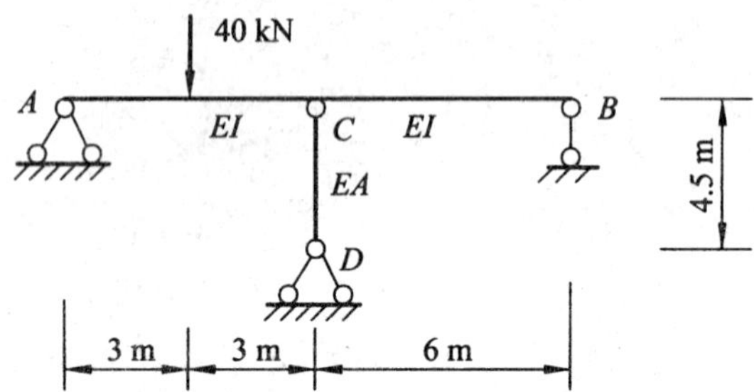

9-4．图示组合结构梁，AB梁的 EI=1400 kN·m²，BD拉杆的 $EA=2.65\times10^{5}$ kN，试求BD杆的轴力。

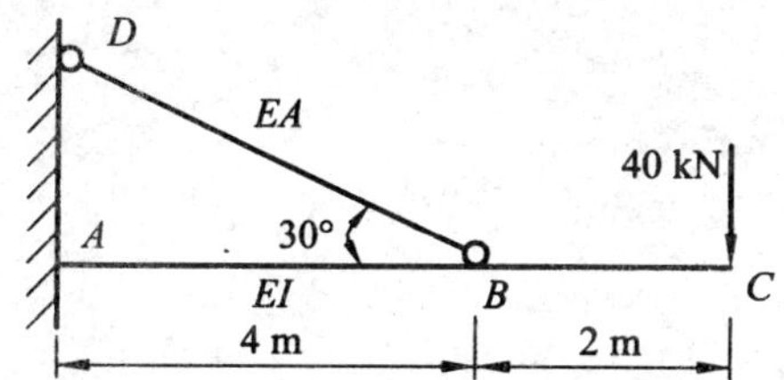

9-5．图示组合结构梁，已知EA=常数，EI=常数，试求其多余未知力。

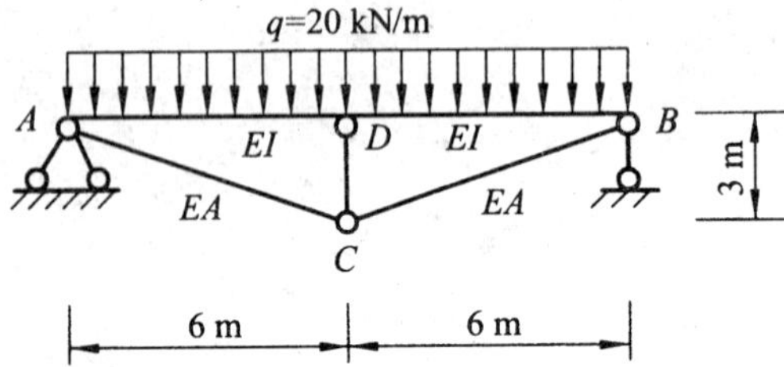

9-6. 用力矩分配法计算图示连续梁，作M图。

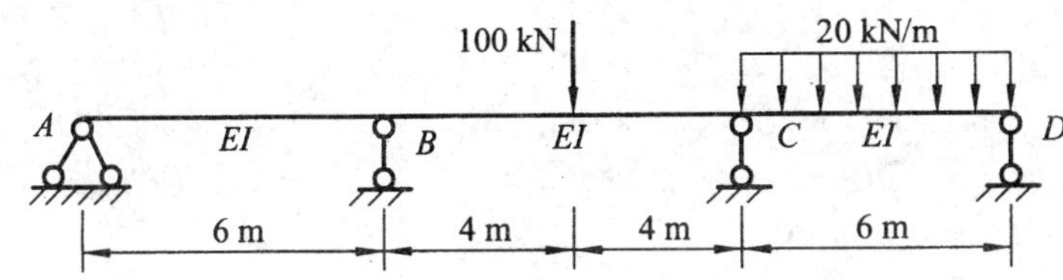

9-7. 计算图示连续梁用力矩分配法计算时的分配系数。

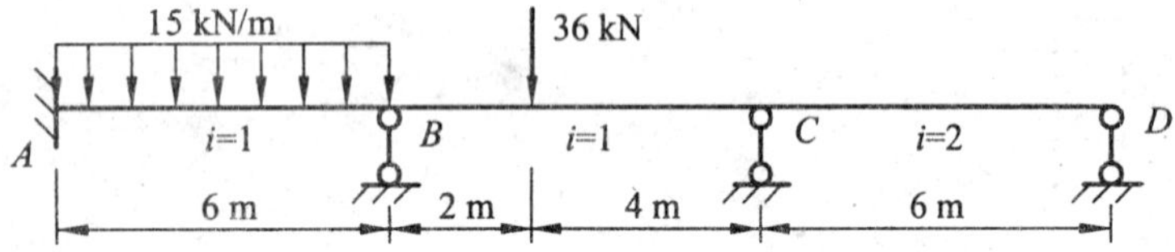

9-8．绘图示连续梁M_K影响线的轮廓图，并画求$M_{K\max}$的均布荷载分布图。

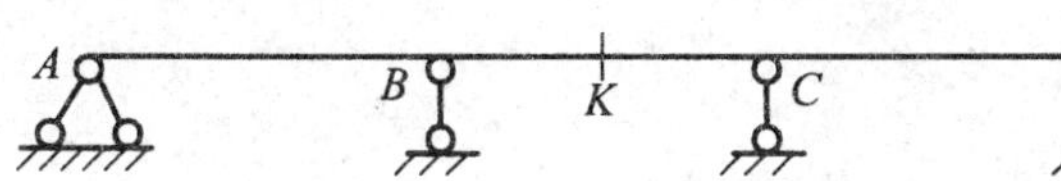

9-9．作图示梁R_B和M_B影响线。

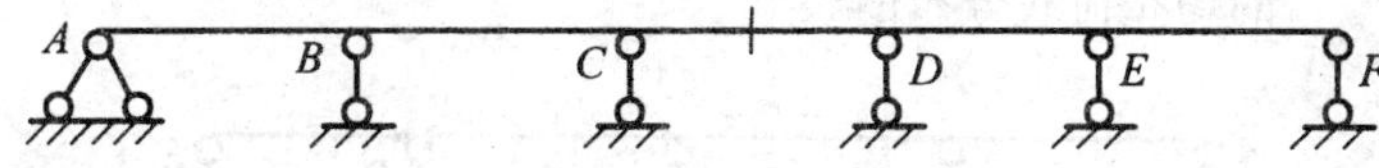

9-10．作图示梁M_K和V_K影响线的轮廓图，并画求$M_{K\max}$和$M_{K\min}$的均布荷载分布图。

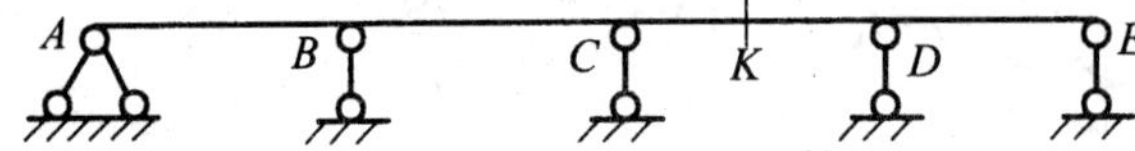

10-1. 画出图示结构受力后的变形图，并将其离散成单跨超静定梁。

（1）

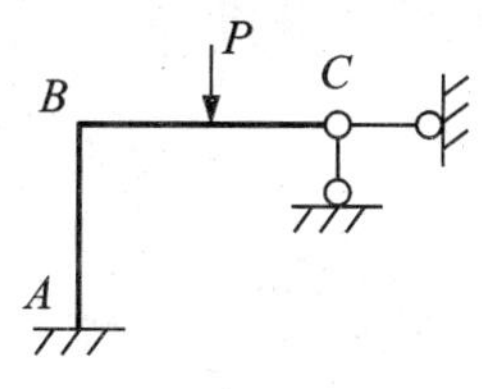

（2）

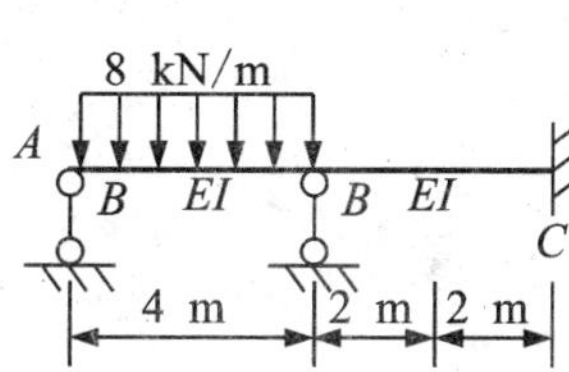

10-2. 已知EI为常量，按位移法求解图示刚架并画弯矩图。

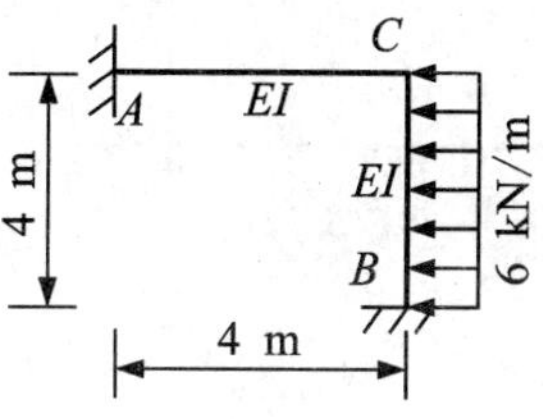

10-3．已知EI为常量，按位移法求解并其画弯矩图。

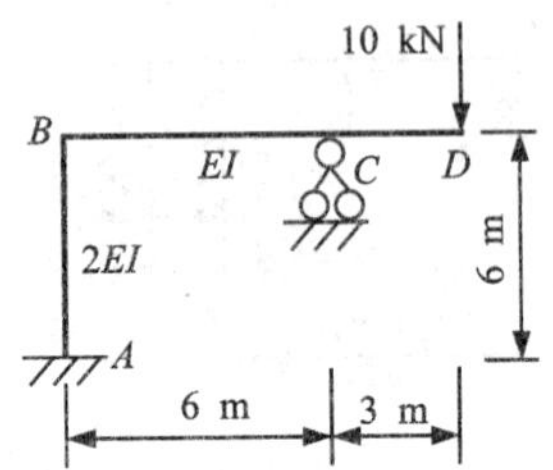

10-4．图示排架$EA\to\infty$，试画出受载后的变形图，然后将其离散成单跨超静定梁。

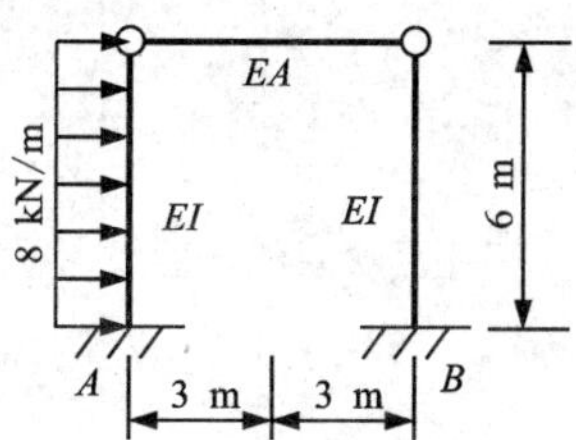

10-5．图示排架$EA\to\infty$，EI为常数，试用位移法求作弯矩图。

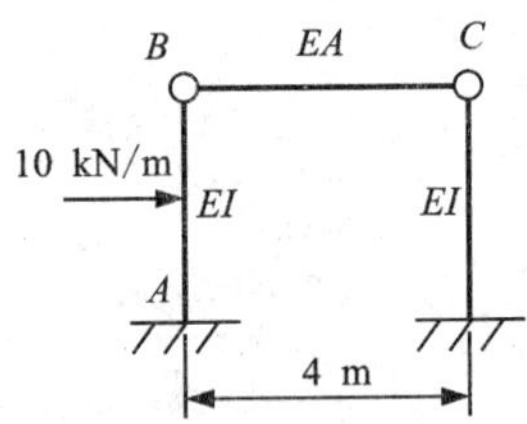

10-6．如图所示刚架，*EI*为常数，试用位移法求作其弯矩图。

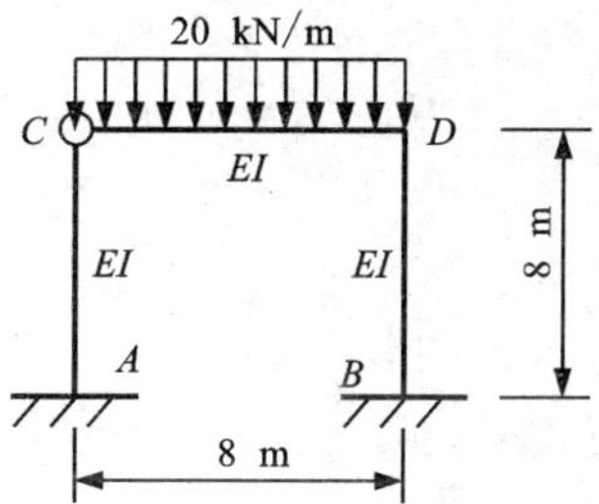

10-7. EI为常量，试用位移法求解图示刚架。

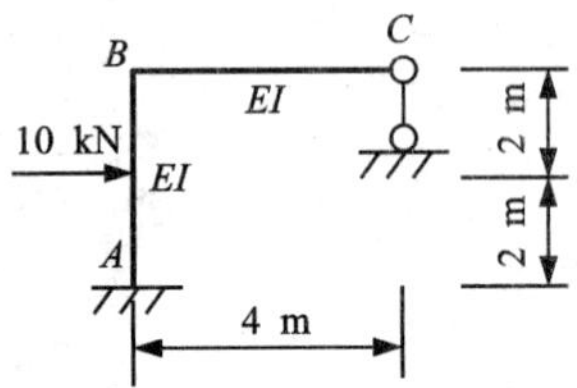

10-8. 在下列结构上标出用位移法求解的基本未知量。

(1)

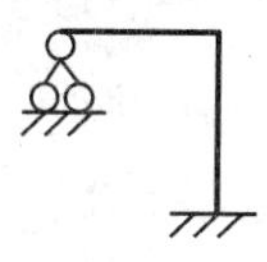

(2)

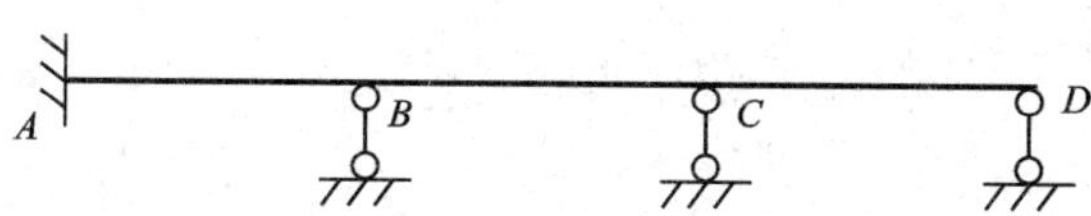

(3)

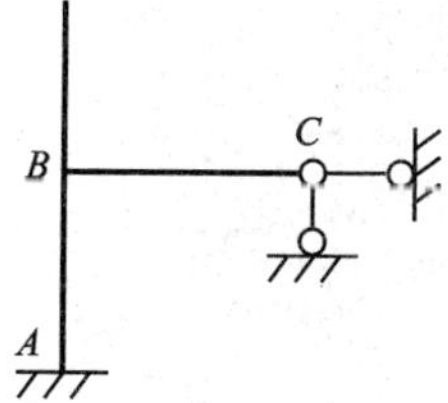

10-9. 在下列结构上标出用位移法求解的基本未知量。

(1)

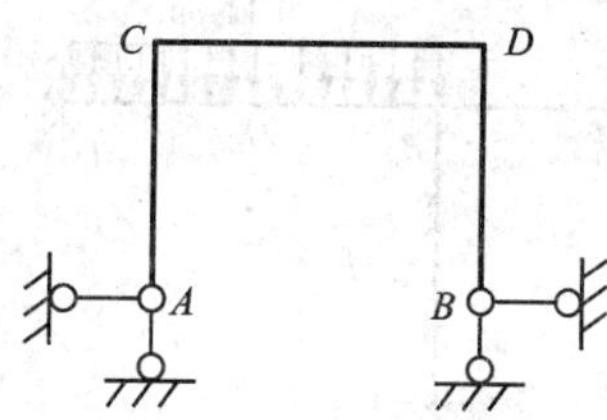

(2)

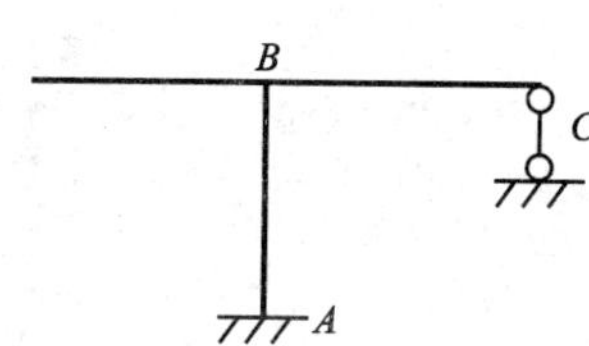

(3)

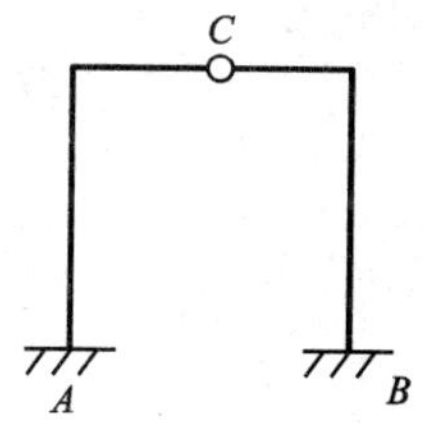

11-1．图示为某桥梁刚架EI为常量，用最适合的方法求解并作其弯矩图。

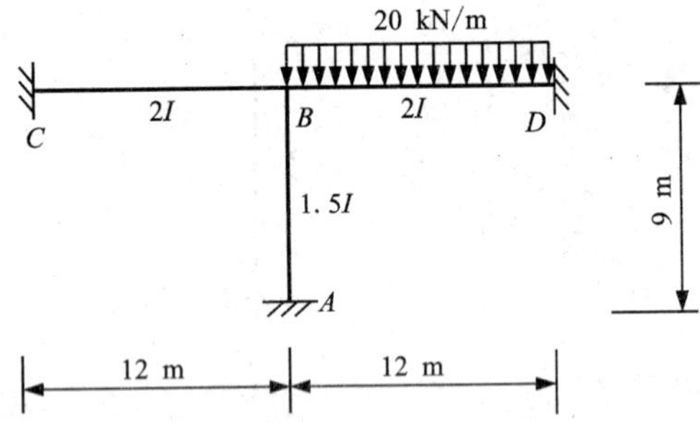

11-2. 图示加某桥梁刚架EI=常量，试用最合适的方法求解并作其弯矩图。

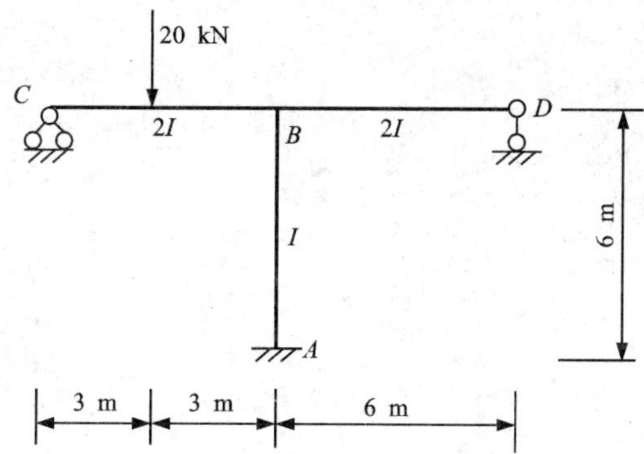

11-3．图示刚架EI=常量，试用位移法求解并作其弯矩图。

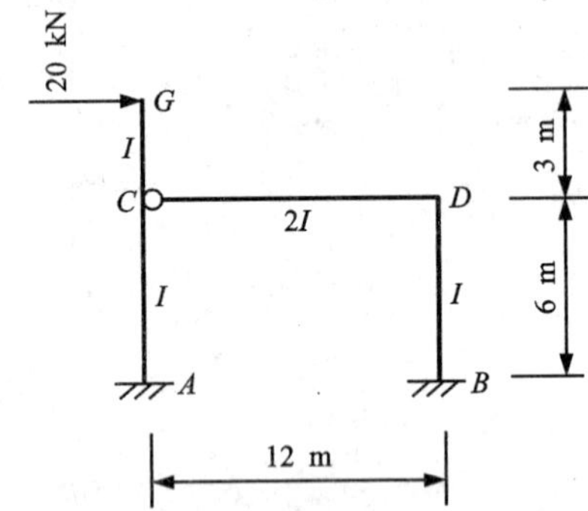

11-4．图示为厂房刚架EI=常量，试用位移法求解并作其弯矩图。

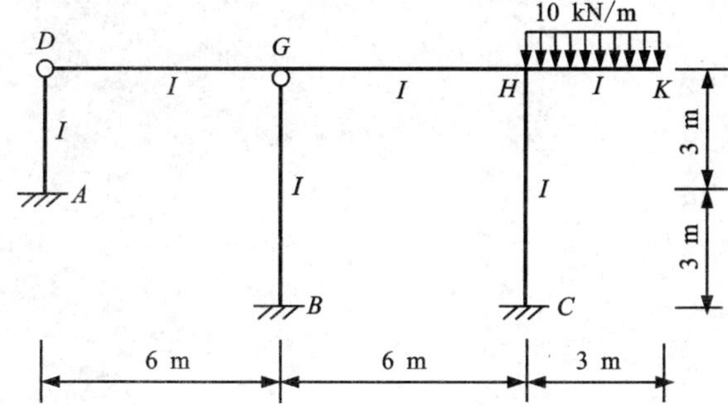

11-5. 用剪力分配法计算图示排架，$EA\to\infty$，EI为常数，并画出其弯矩图。

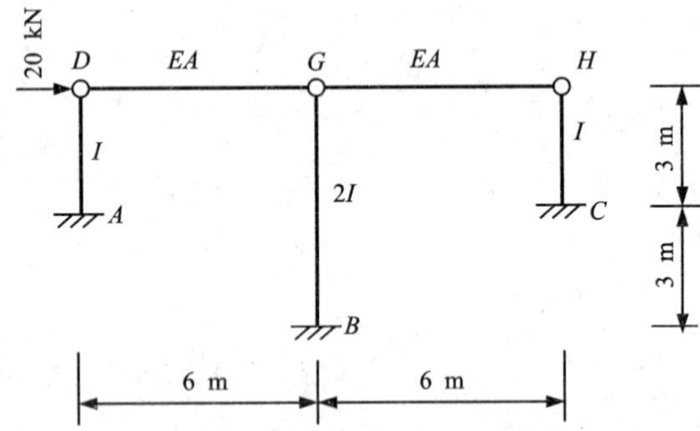

11-6. 用剪力分配法计算图示排架，$EA \to \infty$，EI为常数，并画出其弯矩图。

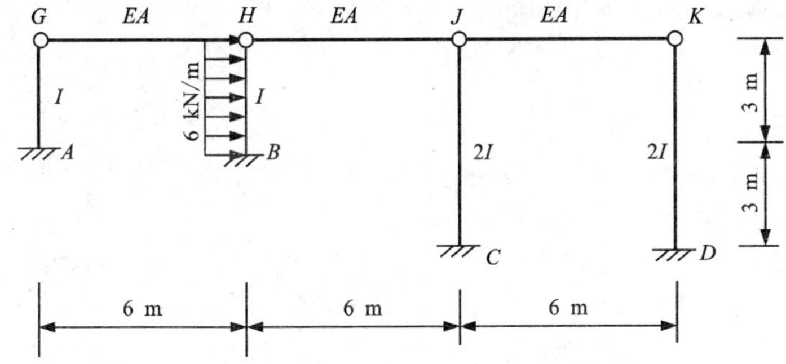

11-7．图示公路涵洞结构图，EI为常数，试用合适的方法求解并作其弯矩图。

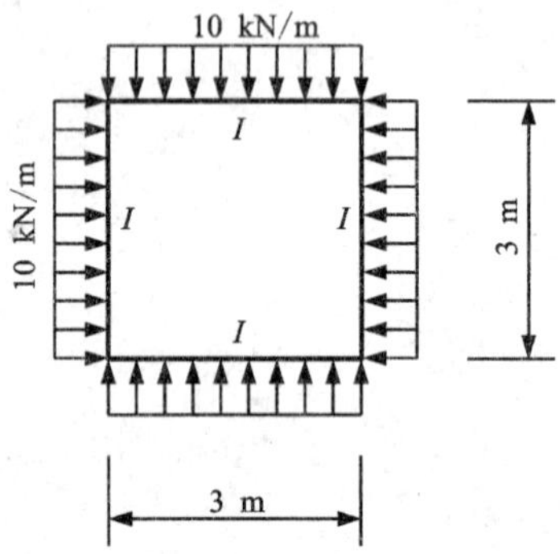

11-8．图示公路涵洞结构图，EI为常数，试用合适的方法求解并作其弯矩图。

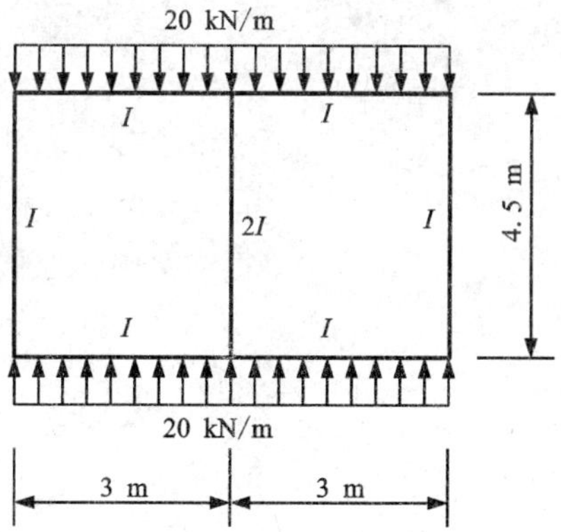

参考文献

[1]朱耀淮. 结构力学练习册[M]. 成都：西南交通大学出版社，1990
[2]钟明. 结构力学解题指导及习题集[M]. 北京：高等教育出版社，1987
[3]赵才其，越玲. 结构力学[M]. 南京：东南大学出版社，2011
[4]吕恒林. 结构力学——附习题集[M]. 北京：中国矿业大学出版社，2012
[5]龙驭球，包世华. 结构力学[M]，北京：高等教育出版社，2012
[6]刘永军. 结构力学习题集[M]. 北京：中国电力出版社，2009

图书在版编目（C I P）数据

结构力学及应用习题集 / 朱耀淮主编.
--长沙：中南大学出版社，2015.6
ISBN 978-7-5487-1662-4

Ⅰ.结…　Ⅱ.朱…　Ⅲ.结构力学—高等职业教育—习题集
Ⅳ.O342-44

中国版本图书馆 CIP 数据核字(2015)第 150928 号

结构力学及应用习题集

朱耀淮　主编

□责任编辑　谭　平
□责任印制　易红卫
□出版发行　中南大学出版社
社址：长沙市麓山南路　　邮编：410083
发行科电话：0731-88876770　　传真：0731-88710482
□印　　装　长沙德三印刷有限公司

□开　　本　787×1092　1/16　□印张 6.75　□字数 162 千字
□版　　次　2015 年 7 月第 1 版　□印次　2017 年 12 月第 2 次印刷
□书　　号　ISBN 978-7-5487-1662-4
□定　　价　19.00 元